辽核 3 号结果状

黑核桃（奎核桃）
砧木苗

普通核桃砧木苗

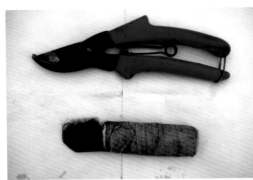

嫁接工具

接穗取芽

方块切砧木

砧木切口

贴　芽

嫁接绑扎

嫁接后剪砧

核桃嫁接苗萌发状

核桃树插皮嫁接愈合状

核桃绿枝嫁接苗

核桃间种甘薯

核桃间种花生

核桃 高效栽培技术

HETAO GAOXIAO ZAIPEI JISHU

主　编

梁臣　张兴

编著者

高龙章　苗育培　畅凌冰　杨红斌

王治军　倪锋轩　常牛山　李社辉

金盾出版社

本书由河南省洛阳市农林科学院专家编著。作者立足生产实际,全面系统地介绍了核桃高效栽培关键技术。内容包括:核桃生产概况,核桃种类与主栽品种,核桃生长结果习性,核桃苗木培育技术,核桃建园技术,核桃园管理技术,核桃病虫害防治技术,核桃采收、贮藏与加工技术。全书内容充实,技术实用,可操作性强,可供广大果农和基层农业技术推广人员学习使用,也可作果农技术培训教材。

图书在版编目(CIP)数据

核桃高效栽培技术/梁臣,张兴主编. — 北京 :金盾出版社,2014.10(2019.3 重印)

ISBN 978-7-5082-9478-0

Ⅰ.①核… Ⅱ.①梁…②张… Ⅲ.①核桃—果树园艺 Ⅳ.①S664.1

中国版本图书馆 CIP 数据核字(2014)第 122915 号

金盾出版社出版、总发行

北京太平路 5 号(地铁万寿路站往南)

邮政编码:100036 电话:68214039 83219215

传真:68276683 网址:www.jdcbs.cn

北京军迪印刷有限责任公司印刷、装订

各地新华书店经销

开本:850×1168 1/32 印张:5.625 彩页:4 字数:130 千字

2019 年 3 月第 1 版第 6 次印刷

印数:23 001～26 000 册 定价:17.00 元

(凡购买金盾出版社的图书,如有缺页、倒页、脱页者,本社发行部负责调换)

前　言

　　核桃与榛子、扁桃、腰果并称为世界"四大干果"，享有"益智果""长寿果""养人之宝"的美称。核桃仁富含脂肪和蛋白质，还含有多种矿物质和 18 种人体必需的氨基酸，不仅具有很高的营养价值，而且味美，既可生食，也是制作糕点的原料。长期食用核桃有防止动脉硬化、抗衰老；健脑益智，改善儿童视力；美容润肤，强肾养发等多种医疗保健功效。

　　我国是核桃原产地之一，已有 2 000 多年的栽培历史；目前是世界核桃栽培面积最大、总产量最高的国家，全国绝大部分省、直辖市、自治区均有栽培。核桃树性喜温暖湿润环境，但也耐寒抗旱；对土壤要求比较严格，重黏土、过湿地及地下水位高的地方均不宜种植，特别适宜于山区结合造林和水土保持进行大面积栽培。但由于我国长期以来核桃栽培多采用种子实生繁殖，而且管理粗放，致使核桃结果晚、产量低、品质差，产品优劣混杂，坚果壳厚，取仁难度大，出口商品市场竞争能力差，严重影响了我国核桃产业的进一步发展。

　　近年来，随着我国农业经济结构的调整和人们生活水平的提高，核桃需求量快速增加，价格不断攀升，从而刺激各地核桃产业迅速发展，栽培面积不断扩大。如何更好地指导我国核桃生产，尽快提高核桃产量和品质，全面普及优质核桃品种化、标准化栽培技术，是当前我国核桃生产中亟待解决的问题。为此，笔者以多年从事核桃科学研究和生产实践为基础，引用大量有关资料，并结合广大果农的成功经验,编写了《核桃高效栽培技术》一书,希望能给广大核桃生产者提供帮助和指导。

　　由于笔者水平有限,书中内容难免存在错误和疏漏之处,敬请广大读者和同行专家指教。

编 著 者

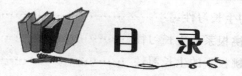

目 录

第一章 核桃生产概况

一、核桃生产现状

核桃又称胡桃、羌桃,原产于我国、伊朗和小亚细亚一带,是世界重要的木本油料树种。核桃在我国已有 2 000 多年的栽培历史,品种资源丰富,栽培地域广泛,主要产区有云南、陕西、山西、河北、甘肃、河南、四川、新疆、山东、北京、贵州、浙江、湖北等地,其中云南、陕西、山西、河北、甘肃 5 省的产量占全国总产量的 70% 以上。我国传统核桃栽培多实行粗放管理,产量低而且不稳。20 世纪 70 年代以来,各地选育出大量的优良品种,采用嫁接繁殖,开始了良种化栽培。20 世纪后期,随着核桃矮化密植、嫁接技术及植物生长调节剂应用等新技术的推广和经营管理逐步向规模化、集约化方向的发展,核桃的单产、质量和经济效益都有了大幅度的提高。目前,核桃产业已成为我国丘陵山区农民致富的重要途径。

据联合国粮农组织统计,全世界核桃栽培面积在 500 万公顷以上,年产量为 340 多万吨,栽培面积较大的国家有中国、美国、土耳其等。目前,我国核桃栽培面积 447 万公顷,年产量约 200 多万吨,居世界首位。核桃是我国的传统出口商品,在 20 世纪 70 年代以前,出口量占世界核桃出口总量的 40% 以上,竞争对手主要是法国和意大利。进入 70 年代以后,美国成为核桃出口大国,我国核桃出口量下降为世界出口总量的 30% 左右。近年来,由于美国核桃栽培实现了品种化,果实品质显著改善,加之漂洗干净、外观好和采用小包装,很受消费者欢迎,占据了市场优势。我国核桃栽培面积大、总产量高,但由于果实品质优劣混杂,出口量下降至世

1

界核桃出口总量的 5％左右,而且价格较美国低 1/3 左右。

二、发展核桃生产的意义

(一)核桃的营养价值

1. 核桃的营养成分　据测定,每 100 克核桃仁,含脂肪 60～70 克,其中约 71％为亚油酸、12％为亚麻酸;蛋白质 15～20 克,碳水化合物约 10 克。同时,还含有钙、磷、铁、胡萝卜素、核黄素、维生素 B_6、维生素 E、胡桃叶醌、磷脂、鞣质等营养物质。

2. 核桃的保健作用　核桃中的亚油酸、亚麻酸甘油酯能减少肠内胆固醇的吸收,核桃中的维生素 B_6 能帮助受损的心脏再生,叶酸有助于维持心肌的代谢。核桃中的补骨乙酸,能扩张冠状动脉,兴奋心脏,增强心肌功能,医治失眠和神经衰弱。核桃中含有丰富的磷脂,磷脂是细胞结构的主要成分之一,充足的磷脂能增强细胞活力,对促进造血和皮肤细腻、伤口愈合、毛发生长都有重要的作用。核桃含有锌、锰、铬等人体不可缺少的微量元素,锌、锰是组成人体内分泌腺如脑垂体、胰、性腺的关键成分。更重要的是核桃能延缓脑神经衰老,是益智、健脑、强身的佳品。

3. 核桃的药用价值　核桃性温、味甘、无毒,有健胃、补血、润肺、养神等功效,是食疗佳果。核桃中含有大量脂肪和蛋白质,而且极易被人体吸收。核桃中含有对人体极为重要的赖氨酸,对大脑神经极为有益,经常吃核桃,既能强壮身体,又能减少疾病的困扰。据分析,1 千克核桃仁相当于 5 千克鸡蛋或 9.5 千克牛奶的营养价值。

4. 核桃的美容功效　核桃美白肌肤、润泽头发的功效,古时便已得到论证。另外,核桃还有强化脚部、腰部力量的作用,特别适合产后妇女恢复体力和提神健脑。

（二）核桃树的生态作用

核桃树根深叶茂,树冠大多呈丰圆形,具有较强的拦截烟尘、风沙和吸收二氧化碳的净化空气功效。可作为城市道路和厂矿区的绿化树种。核桃根系发达,分布深广,可以固结土壤,减少地表径流和土壤侵蚀,防止水土流失,是山区丘陵地良好的水土保护树种。

三、核桃产品的市场前景

目前,世界核桃总产量达 340 多万吨,而出口量仅占总产量的 10%左右。美国是世界上核桃出口大国,其出口量仅占总产量的 30%左右,60%左右的产品在国内销售。我国目前核桃出口量只占总产量的 5%左右,产品基本上靠内销。近年来,我国核桃仁出口量基本稳定在 1 万多吨,出口价格一直保持持续上升的势头。我国是世界人口大国,目前核桃人均占有量已达 1.5 千克,德国、英国年人均消费核桃 500 克,美国人年均消费核桃 640 克。我国已成为名副其实的核桃生产大国和消费大国。但是我国优质核桃栽培面积和生产能力还很薄弱,远远满足不了国内外市场的需求。今后随着我国人民生活水平的提高和对核桃营养保健作用的认识,核桃的需求量将不断增加,同时核桃品质的改善,会使我国核桃出口量大幅度上升,优质核桃产品市场将会出现供不应求的局面。因此,发展优质核桃产业具有广阔的市场前景。

四、核桃产业发展中应注意的问题

（一）立地条件的选择

1. 土壤 核桃属深根性树种,对土壤的适应性强,无论是丘陵、山地,还是平地,只要土层厚度达到 1 米以上,均可种植。土层过薄、地下水位过高、土壤过于黏重,容易形成"小老树",或树体连年枯梢,不能形成产量。如果坡地没有深厚的土壤,种植核桃时一定要通过整地(修大鱼鳞坑、梯田等)使种植穴达到要求的土层厚度,以满足核桃树对土层厚度的要求。

2. 坡向与坡度 核桃属阳性树种,宜选择在背风向阳的山坡基部。阳坡的核桃树生长发育和结果明显好于半阳坡和阴坡地,最好栽植在 10°以下的缓坡地带,坡度在 10°～25°时应修筑等高的水土保持工程,超过 25°时不宜种植核桃树。

3. 海拔 我国不同地区适宜栽培核桃的海拔高度各有不同,根据河南省的气候条件,宜选择在 1 200 米以下的地方种植核桃树。高海拔会因气候寒冷,核桃生长期短而影响生长和结果。

（二）种植品种的选择

1. 根据品质要求选择品种 优质核桃坚果的要求是外形美观、仁色浅且饱满、壳薄取仁容易、仁香且无异味。现有推广种植的品种最突出的问题是坚果壳过薄,去青皮后露仁现象较普遍,露仁的坚果很容易被污染而变色变味,即使不被污染的坚果也不利于贮藏。因此,核桃壳并非越薄越好,适宜的核桃坚果硬壳厚度应在 0.9～1.2 毫米。

目前,河南省栽培的核桃品种,表现较好的有河南省林业科学院选育的薄丰、绿波等品种,其丰产性强,品质上等,坚果缝合线紧密,未有露仁和开裂现象。另外,香玲品种较丰产,坚果壳面光滑美观,核仁香甜可口,少有露仁;中林系列品种较丰产,品质上等,少有露仁;中国林业科学院经济林研究开发中心选育的中嵩1号品种,早实丰产,坚果壳面光洁,核壳厚薄适中,核仁香甜可口,是一个发展前景看好的品种。各地可根据自然条件和用途合理选择主栽品种,不可盲目听信广告宣传,建园前要亲自考察品种,确保核桃栽培高产优质。

2. 根据立地条件选择品种 核桃园大多建在山区丘陵地带,立地条件差异较大,各地应根据立地条件选择相应的品种。在立地条件好,土层深厚,土壤肥沃的地方可选择对肥水条件要求高、丰产性强的品种,如绿波、香玲、鲁光、新早丰、温185等;反之,则可选择适应性强、耐旱、对肥水条件要求不太高的品种,如薄丰、中林3号、中林5号、西扶1号等。

3. 根据授粉品种选择栽培品种 核桃属雌雄同株异花果树,雌花、雄花常不能同时开放,有的品种同一株树上,雌花、雄花的花期可相距20多天。花期不遇常造成授粉不良,严重影响坐果率和产量。因此,在建核桃园时应选择好与主栽品种相适宜的授粉品种,要求授粉品种的雄花盛期同主栽品种的雌花盛期一致,如早实品种薄丰和中林3号、香玲和中林5号、中林1号和辽核1号、鲁光和薄壳香等。主栽品种与授粉品种树的比例一般为5～8：1,可按5～8行主栽品种配置1行授粉品种,以便于分别管理和采收。

目前,核桃生产中很少分主栽品种和授粉品种,存在品种多而杂的问题,常常是一个核桃园中10多个品种,坚果大小和质量差别大,不仅不利于分级包装,而且给管理和采收带来诸多不便。每个核桃园的主栽品种不宜过多,以1～3个为宜。如果不选授粉品种,可选用2～4个雌雄花期能够互补的品种。

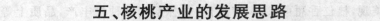

五、核桃产业的发展思路

第一，发展核桃产业要强调适地适树，绝对不能盲目发展。核桃是喜光树种，在土层深厚、背风向阳的地方生长良好，适宜在年平均温度8℃以上的地区发展。同时，核桃不同品种在生长势、丰产性等方面有较大的差异，适地适树才能事半功倍，取得令人满意的效果。

第二，核桃生产必须实行良种化。美国早在1919年就开始嫁接繁殖核桃，我国从20世纪90年代育成品种以来，做了大量工作，但由于多种原因，目前仍不能杜绝实生（种子）繁殖生产。面临世界经济一体化的局面，核桃生产必须与世界接轨，实现良种化生产。

第三，核桃产业发展要规模化。核桃规模化生产经营有利于调整品种结构，加强技术培训，搞好产前产后服务，形成优质产品，增强市场竞争优势。

第四，核桃管理提倡园艺化。我国传统核桃栽培从立地选择、苗木选用、栽培管理、果实采后处理等均管理粗放，科技含量低。现在采用良种栽培，如果不实行园艺化管理，由于结果较多，核桃树寿命会缩短，品质也会变差。因此，要求现代核桃园实行科学化、园艺化管理。

第五，核桃经营产业化。传统的农民种植方法已经不能适应现代农业经济发展的要求，为了最大限度地在单位面积和时间内获得较高的经济效益，实现产业化是关键。核桃良种化、规模化是产业化的基础，园艺化科学管理是产业化的保障。

第二章　核桃种类与主栽品种

一、核桃种类

核桃属（*Juglans*）植物在分类上属于被子植物门双子叶植物纲胡桃科。它在世界上分布很广，在欧洲、亚洲、南北美洲、大洋洲的40多个国家都有不同程度的种植。核桃属植物的种类较多，由于分类方法不一，目前尚无一致的数目。根据中国林业出版社出版的《中国核桃》，将我国现有核桃属植物（包括从国外引种和已发现的天然杂交种）分3组8个种。

核桃组：核桃（*J. regza* L.）、铁核桃（*J. sigillata* Dode）

核桃楸组：核桃楸（*J. mandshurica* Maccim.）、野核桃（*J. cathayensis* Dode）、麻核桃（*J. hopeiensis* Hu.）、吉宝核桃（*J. sieboldiana* Maxim.）、心形核桃（*J. cordiformis* Dode）

黑核桃组：黑核桃（*J. regia* L.）

生产中栽培的食用核桃主要是核桃和铁核桃，我国北方地区栽培的主要是从核桃种选育的优良品种，云南等南方地区栽培的主要是铁核桃种选育的优良品种。其他核桃种主要作为荒山绿化、用材林经营，其果实多数食用价值低，可作为工艺品的加工原料或工业原料。

二、主栽品种

我国各地有名称的核桃类型和品种有500多个，根据进入结果期早晚，分为早实核桃和晚实核桃。早实核桃嫁接后2～4年进入结果期,晚实核桃嫁接后5～6年进入结果期。

(一)早实品种

1. 香玲 山东省果树研究所人工杂交育成,1989年国家林业局鉴定并推广。该品种坚果卵圆形,基部平,果顶微尖,单果重约12.2克;壳面光滑,壳皮厚约0.9毫米,缝合线平,内褶壁退化,横隔膜膜质,易取整仁;仁皮色浅,种仁充实饱满,风味香而不涩,单仁重约7.8克,出仁率53%～61%。树势中庸,树姿直立呈半圆形,果枝率约81.7%。属雄先型。丰产性良好,盛果期产量较高,每平方米树冠投影产仁180克以上。适应性强,抗炭疽病、黑斑病性强。8月下旬果实成熟,适宜在山地丘陵土层较厚处栽植,也可在平原进行林粮间作。

2. 中嵩1号 中国林业科学院经济林研究开发中心从新疆核桃实生苗中选育,2012年通过河南省林木良种审定并定名。该品种坚果长圆形,壳光滑,外形美观,平均单果重13.5克,纵径约3.85厘米,横径约3.61厘米,侧径约3.44厘米。缝合线较浅、结合较紧密,缝合线与缝合线正中分别有一道深约0.5毫米、宽约1毫米的纵沟,纵沟自梗凹至萼凹,非常明显。壳厚约1毫米,内褶壁退化,横隔膜膜质,出仁率约56.4%。易取整仁,仁色金黄,风味浓香,品质上等。雌先型,果实成熟期为9月20日前后,果实发育期为128天。树姿开张,分枝角度大,短果枝结果为主,双果以上枝比例超过60%。异花授粉,丰产性好,栽植1～2年结果,第三年结果株率达100%,4～5年进入盛果期,6年生单株坚果产量7.6～8.3千克。抗旱、抗寒、抗病性强,适宜在土层深厚的丘陵、梯田和平原栽植,对肥水有一定的要求,肥水不足和管理差易造成树体早衰。

3. 辽核1号 辽宁省经济林研究所人工杂交育成,1989年国家林业局鉴定并推广。该品种坚果圆形,果基平,果顶略呈肩形,单果重约 9.4 克。壳面浅刻沟、较光滑,壳皮厚 0.9 毫米左右,内褶壁退化,可取整仁,仁皮黄白色,种仁饱满,单仁重 5.6 克左右,出仁率 60％左右。树势强健,树姿直立,枝条密集粗壮,分枝性强,果枝率 90％左右,双果或三果较多,丰产稳产,每平方米树冠投影产仁 200 克以上。属雄先型。较耐寒,抗旱、抗病。9 月下旬果实成熟,适于北方核桃区栽培。

4. 辽核 3 号 辽宁省经济林研究所人工杂交育成,1989 年国家林业局鉴定并推广。该品种坚果椭圆形或扁圆形,壳面较光滑,壳厚 1.1 毫米左右,缝合线紧密,可取整仁或半仁。仁皮色浅,种仁较充实饱满,单仁重约 5.7 克,出仁率约 58％,品质优良。树势中庸,树姿开张呈半圆形,枝条密集,分枝力强,易发生二次枝,果枝率 90％左右,多双果或三果,坐果率 60％以上。属雄先型。丰产性好,每平方米树冠投影产仁 200 克以上。抗病力强。9 月中旬果实成熟,适宜我国北方核桃区栽培。

5. 辽核 4 号 辽宁省经济林研究所人工杂交育成,1989 年国家林业局鉴定并推广。该品种坚果圆形,单果重 12 克左右。壳面光滑,缝合线平,壳皮厚 0.8～1 毫米,可取整仁。仁皮黄白色,种仁充实饱满,单仁重约 6.8 克,出仁率约 60％,品质中上等。树势中庸,树姿直立或半开张,枝条密集,果枝很短,树体矮化,果枝率约 82％。属雄先型。每平方米树冠投影产仁 190 克以上,坐果率较高,连年丰产。抗寒、抗旱、抗病性强。9 月中旬果实成熟,适于北方核桃区栽培。

6. 薄丰 河南省林业科学院从嵩县山城新疆核桃实生园中选育,1989 年定名。该品种坚果卵圆形,单果重约 13 克。壳面光滑,壳皮厚约 1 毫米,缝合线窄而平,结合紧密,果实不开裂,内褶壁退化,横隔膜膜质,易取整仁。种仁充实饱满,风味浓香,出仁率 58％左右。树势强旺,树姿开张,枝条节间长,中短果枝结果,果枝率 90％左右。属雄先型。嫁接第二年结果,第三年出现雄花,坐果率 65％左右,丰产性良好,盛果期产量较高,每平方米树冠投影产仁 200 克以上。适应性强,抗炭疽病及黑斑病性强。9 月中下旬果实成熟,适宜在山地丘陵栽植,目前在华北、西北丘陵山区推广面积很大。

7. 绿波 河南省林业科学院从核桃实生后代中选育而成,1989 年国家林业局鉴定并推广。该品种坚果卵圆形,果基圆,果顶尖,单果重约 12 克。壳面较光滑,缝合线隆起,结合紧密,壳皮厚约 1 毫米,可取整仁。仁皮浅黄色,种仁充实饱满,风味香而不涩,出仁率约 59％。树势中庸,树姿开张,分枝力强,易发生二次枝,果枝率约 86％。属雌先型。丰产稳产,每平方米树冠投影产仁 160 克以上。适应性强,抗晚霜和抗病害性强。8 月底至 9 月初果实成熟,适于华北黄土丘陵地区栽培。

8. 阿扎 343 新疆维吾尔自治区林业科学院从实生后代中选育而成,1989 年国家林业局鉴定并推广,已在华北、西北各省栽植。该品种坚果卵圆形,单果重约 16 克。壳面光滑美观,缝合线较平且窄,壳皮厚约 1.1 毫米,可取整仁。仁皮乳黄色至浅琥珀色,种仁充实饱满,单仁重约 8.9 克,出仁率约 55％,品质中上等。树势强旺,树姿开张,发枝力强,果枝率约 85％。属雄先型。丰产性好,每平方米树冠投影产仁 260 克左右。抗寒、抗旱、抗病力强。9 月上旬果实成熟。雄花期较长,适合作为其他品种的授粉树。该品种适应性强,优质丰产,树冠紧凑,适宜密植,喜土层深厚疏松、排水良好的土壤。

9. 温 185 新疆维吾尔自治区林业科学院从核桃实生后代中选育而成,1989 年国家林业局鉴定并推广,已在新疆、河南、陕西、山西、辽宁等地栽培。该品种坚果圆形,单果重约 15 克。壳面光滑美观,缝合线平或微凹,壳皮厚 0.8～1 毫米,偶有露仁,可取整仁。仁皮色浅,种仁充实饱满,单仁重约 10.4 克,出仁率 60％左右,品质上等。树势中等,树姿较开张,枝条粗壮,发枝力强,果枝

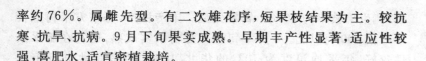

率约76%。属雌先型。有二次雄花序,短果枝结果为主。较抗寒、抗旱、抗病。9月下旬果实成熟。早期丰产性显著,适应性较强,喜肥水,适宜密植栽培。

10. 中林1号 中国林业科学院林业研究所人工杂交育成,1989年国家林业局鉴定并推广,已在河南、山西、陕西、四川、湖北等地栽培。该品种坚果圆形,单果重约14克,壳面较粗糙,缝合线微隆起,两侧有较深麻点,结合紧密,壳厚约1.1毫米,可取整仁或半仁,出仁率约54%。仁皮色浅,种仁充实饱满,风味佳,品质中等。树势较强,树姿较直立,分枝力强,果枝率约89%。属雌先型。丰产性良好,每平方米树冠投影产仁200克以上,结果过多时坚果较小。较抗寒、抗旱,抗病力较差。丰产潜力大,适应性较强,宜作加工核桃仁品种,或作木材和坚果兼用品种,适宜在华北、华中及西北地区栽培。

11. 中林3号 中国林业科学院林业研究所人工杂交育成,1989年国家林业局鉴定并推广,已在河南、山西、陕西、四川、湖北等地栽培。该品种坚果椭圆形,单果重约11克。壳面较光滑,靠近缝合线处有麻点,缝合线窄而凸起,结合紧密,壳厚约1.2毫米。内褶壁退化,横隔膜膜质,易取整仁,出仁率约60%,仁乳黄色,种仁充实饱满,风味佳,品质上等。树势较旺,树姿半开张,分枝力强,果枝率约50%。属雌先型。丰产性良好,每平方米树冠投影产仁200克以上,结果过多时坚果较小。较抗寒、抗旱、抗病。丰产性极强,适应性较强,宜作加工核桃仁品种,适宜在华北、西北黄土丘陵地区栽培。

12. 中林5号 中国林业科学院林业研究所人工杂交育成,1989年国家林业局鉴定并推广。该品种坚果圆球形,单果重约13克。壳面光滑美观,缝合线平且窄,结合紧密,壳厚约1毫米,可取整仁。仁皮色浅,种仁充实饱满,单仁重约7.8克,出仁率约60%。树势中庸,树冠圆头形,分枝力强,多短果枝结果,为短枝型,侧生果枝率约 90％。属雄先型。丰产稳产,每平方米树冠投影产仁 200 克以上。8 月下旬至 9 月初果实成熟,适宜在肥水条件较好,年平均温度为 10℃ 的华北、中南、西南等地进行密植栽培。

13. 中林 6 号　中国林业科学院林业研究所人工杂交育成,1989 年国家林业局鉴定并推广。该品种坚果长圆形,单果重约 13.8 克。壳面光滑,缝合线中等宽度,平滑且结合紧密,壳厚约 1 毫米,内褶壁退化,横隔膜膜质,可取整仁。仁乳黄色,种仁充实饱满,出仁率约 54.3％。树势较旺,树冠圆头形,分枝力强,多短果枝结果,侧生果枝率约 95％。丰产稳产,每平方米树冠投影产仁 200 克以上,品质极好,宜带壳出售。9 月初果实成熟,适宜在华北、中南、西南高海拔地区栽培。

14. 新早丰　新疆维吾尔自治区林业科学院林业研究所从实生后代选育而成,1989 年国家林业局鉴定并推广,已在新疆、河南、陕西、辽宁等地栽植。该品种坚果卵圆形,单果重约 13 克。壳皮光滑美观,壳皮厚约 1.2 毫米,可取整仁。仁皮黄白色,种仁充实饱满,缝合线较不紧密,单仁重约 6.7 克,出仁率约 55％。树势中庸,树姿开张,分枝力极强,果枝率约 80.3％。属雄先型。抗寒、抗旱和抗病力较强,早期丰产性强,适应性较强,坚果品质优良。喜肥水,适宜在肥水条件较好的平川地区及土层深厚的丘陵地栽培。

15. 薄壳香　北京市农林科学院林业果树研究所从新疆核桃实生园中选育,1984 年定名,主要栽培于北京、陕西、山西、辽宁、河北等地。该品种树势较旺,树姿开张,分枝力中等。侧芽形成混合芽的比率约 70％。嫁接后第二年即开始形成雌花,3～4 年后出现雄花。每个雌花序多着生 2 朵雌花,坐果率 50％ 左右,多单果和双果。坚果长圆形,果基圆,果顶凹,纵径约 4 厘米,横径约 3.3 厘米,侧径约 3.5 厘米,坚果重约 12 克。壳面光滑、有小麻点、色较深,缝合线窄而平,结合紧密,壳厚约 1 毫米。内褶壁退化,横隔膜膜质,易取整仁,出仁率 60%左右。早期产量较一般早实品种略低,盛果期产量中等,大小年结果不明显。在北京地区 4 月上旬发芽,雌、雄花期均在 4 月中下旬,属于雌雄同熟型,9 月上旬果实成熟,11 月上旬落叶。较耐干旱、贫瘠土壤,在北京地区不受霜冻危害,适宜在华北地区栽培。

(二)晚实品种

1. 礼品 1 号 辽宁省经济林研究所从新疆纸皮核桃实生后代中选育而成,1989 年定名,分布于辽宁、河北、北京、河南、山西等地。该品种坚果长圆形,大小均匀,单果重约 9.7 克。壳面光滑美观,壳皮厚约 0.6 毫米,缝合线结合不紧,指捏即开,极易取仁。仁皮色浅,种仁饱满,单仁重约 6.7 克,出仁率 70%左右,仁味香甜,品质极佳。树势中等,树姿半开张,果枝率 58%左右。属雄先型。抗病、耐寒力较强,单位面积产量较低。9 月中旬果实成熟,适宜于北方核桃区栽培。

2. 礼品 2 号 辽宁省经济林研究所从新疆晚实纸皮核桃实生后代中选育,1989 年定名,已在辽宁、河北、北京、山西、河南等地栽培。该品种坚果长圆形,单果重约 13.5 克。壳面较光滑,皮色淡黄,缝合线较礼品 1 号结合紧密,壳厚约 0.7 毫米,指捏即开,易取整仁。仁皮色浅,种仁充实饱满,单仁重约 9.1 克,出仁率 67.4%左右,风味优良。树势中庸,树姿半开张,果枝率 60%左右。属雌先型。越冬无抽条现象,抗病力强。9 月中旬果实成熟,适宜于我国北方核桃区栽培。

3. 晋龙 1 号 山西省林业科学研究所选育,1990 年通过省级鉴定并定名,1991 年列为全国推广品种。主要分布在山西、北京、山东、江西、陕西等省(市)。该品种坚果近圆形,单果重约 14.85 克。壳面较光滑,壳皮厚约 1.1 毫米,可取整仁,种仁饱满。仁皮黄白色,单仁重约 9.1 克,出仁率 61% 左右,仁味香甜,品质上等。树势强健,树姿开张,果枝率 50% 左右。属雄先型。抗寒、耐旱、抗病力较强。9 月中旬果实成熟,适宜于华北、西北地区栽培。

4. 晋龙 2 号 山西省林业科学研究所选育,1990 年定名,主要栽培于山西、山东、北京等地。该品种坚果圆形,单果重约 15.92 克。壳面光滑,壳厚约 1.22 毫米,可取整仁。仁皮浅黄白色,单仁重约 9.02 克,种仁饱满,出仁率 56% 左右,仁味香甜,品质上等。该品种坚果品质优良,果型较大而且美观。树冠中大,树势强旺,分枝力中等。属雄先型。抗寒、耐旱、抗病力较强。9 月中旬果实成熟,适宜于华北、西北丘陵山区栽培。

5. 晋薄 2 号 山西省林业科学研究所选育,1991 年定名,主要栽培于山西、山东、河南等省。该品种坚果圆形,单果重约 12.1 克。壳面光滑,壳皮厚约 0.63 毫米,可取整仁。仁皮黄白色,单仁重约 8.58 克,出仁率约 71.1%,仁味浓香,品质优良。树势强健,树姿开张,果枝率 12.6% 左右。属雄先型。抗寒、耐旱、耐瘠薄,早期丰产性强。9 月上旬果实成熟,适宜于华北、西北丘陵地区栽培。

6. 西洛 1 号 西北林学院从实生核桃中选育而成,1984 年鉴定并定名,主要栽培于陕西、甘肃、山西、河南、山东、四川、湖北等省。该品种坚果近圆形,单果重约 13 克。壳面较光滑,壳皮厚约 1.13 毫米,易取整仁。仁皮色较浅,出仁率约 56%,仁味香脆,品质上等。树势健壮,树姿直立,盛果期后逐渐开张,果枝率约 35%。属雄先型。9 月中旬果实成熟,适宜于华北、西北丘陵地区栽培。

7. 西洛 3 号 西北林学院从实生核桃中选育而成,1999 年通过陕西省林木良种审定。该品种树势较强,分枝力中等,坐果率约 60%,且 90% 为双果,坚果 9 月上中旬成熟。坚果圆形或椭圆形,壳面光滑,平均单果重约 14.1 克,平均壳皮厚约 1.2 毫米。核仁

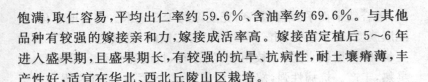

饱满,取仁容易,平均出仁率约59.6%、含油率约69.6%。与其他品种有较强的嫁接亲和力,嫁接成活率高。嫁接苗定植后5～6年进入盛果期,且盛果期长,有较强的抗旱、抗病性,耐土壤瘠薄,丰产性好,适宜在华北、西北丘陵山区栽培。

8. 秦核1号 陕西省果树研究所主持的全省核桃协作组选育而成,已形成无性系品种。该品种坚果长倒卵形,单果重约14.3克。壳面较光滑,壳皮厚约1.1毫米,可取整仁或半仁。种仁饱满,仁皮色浅或中等,单仁重约7.2克,出仁率约53.3%。树势旺盛,树姿较开张,结果枝较长。属雄先型。抗寒、抗病力强,丰产稳产,抗逆性强。9月上旬果实成熟,适宜在黄土区栽培。

(三)国外品种

1. 清香 日本人清水直江从晚实核桃的实生群体中选育,1948年定名。20世纪80年代初日本核桃专家赠送给河北农业大学而引入我国。该品种坚果椭圆形,外形美观,单果重约14.3克。缝合线紧密,壳厚约1毫米,内褶壁退化,横隔膜膜质,可取整仁。出仁率约53%,仁饱满、浅黄色。树势中庸,树姿半开张,枝条粗壮,顶花芽结果,结果枝率60%以上,坐果率85%以上。抗病性极强,树冠高大,可作为绿化美化的行道树和庭院栽植树。雄先型,中晚熟,适宜在华北、西北、东北南部和西南部分地区栽培。

2. 彼得罗(Pedro) 1984年由中国林业科学院经济林研究室引入。该品种坚果长椭圆形,单果重约12克。壳面较光滑,缝合线略凸起,结合紧密,壳皮厚约1.5毫米。内褶壁退化,横隔膜膜质,可取整仁,出仁率约48%,仁饱满。幼树生长旺,树姿半开张,发芽晚,抗晚霜性强。中熟品种,丰产,抗病性强,嫁接后结果早,株冠紧凑,适应性强,适宜在生长期200天以上的地区栽培。

3. 强特勒(Chandler) 1984年由中国林业科学院经济林研究室从美国引入。该品种坚果长圆形,单果重约11克。壳面光滑,缝合线窄而平,结合紧密,壳皮厚约1.5毫米。内褶壁退化,横隔膜膜质,可取整仁,出仁率约50%,仁饱满、乳黄色、浓香。幼树生长旺,树姿较直立,小枝粗壮,发芽晚,抗晚霜性强。雄先型,中早熟,丰产。抗病性强,嫁接后结果早,株冠紧凑,适应性强。侧生混合芽率90%以上,坐果率高,嫁接树2年结果,4～5年进入丰产期,适宜在生长期220天以上的地区栽培,喜土层深厚和肥水条件好的立地条件。

4. 维纳(Vina) 1984年由中国林业科学院经济林研究室引入。该品种坚果圆锥形,果基平,果顶尖,单果重约11克。壳面较光滑,缝合线略宽平,结合紧密,壳皮厚约1.4毫米。内褶壁退化,横隔膜膜质,可取整仁,出仁率约50%,仁饱满。幼树生长旺,树姿较直立,抗寒性强。早实,雄先型,中熟,丰产。抗病性强,嫁接后结果早,株冠紧凑,适应性强,适宜在华北地区栽培。

5. 希尔(Serr) 1984年由中国林业科学院经济林研究室引入。该品种坚果椭圆形,单果重约12克。壳面较光滑,缝合线结合紧密,壳皮厚约1.2毫米。内褶壁退化,横隔膜膜质,可取整仁,出仁率约59%,仁饱满。幼树生长旺,树势旺。雄先型,中熟,丰产性差,可作行道树或堰坎固土林,适宜在华北、西北地区栽培。

6. 特哈玛(Tehama) 1984年由中国林业科学院经济林研究室引入。该品种坚果椭圆形,单果重约11克。壳面较光滑,缝合线略凸起,结合紧密,壳皮厚约1.5毫米。内褶壁退化,横隔膜膜质,可取整仁,出仁率约50%,仁饱满。幼树生长旺,树姿直立,发芽晚,抗晚霜性强。雄先型,中熟。生长快,株冠紧凑,适应性强,可作农田防护林,适宜在华北地区栽培。

7. 契可 晚熟实生,美国品种。树势旺,树冠开张。雌先型,嫁接树4年结果,5～7年后产量大幅增加。坚果圆形稍扁,果顶稍尖,单果重9～10克,壳面光滑。该品种在原西北林学院园内表现出极强的丰产性。有关其他数据尚在进一步调查中。

三、核桃引种与选种

（一）核桃引种技术

核桃的种类和优良品种在我国分布比较广泛,把它们从原产地引到新的地区栽种叫引种。核桃种类和优良品种在地理分布上极不均衡,而生产者和消费者既要求品种多元化,又要求引进优良品种,以提高单产和品质,从而获得更大的经济效益。这就促使各地核桃科研单位及生产者积极引进外地区不同核桃种类和优良品种。我国是核桃的原产地,具有丰富的核桃种类和地方品种资源,据不完全统计,约有 500 多个农家品种。近年来,中国林业科学院和各省、市农林科研单位培育出了一大批核桃优良品种,各核桃产区纷纷进行引种扩大种植,极大地推动了我国核桃产业的发展。

1. 引种原则 核桃引种的原则主要有两个方面,一是对引进品种经济性状的要求,二是引入品种对当地环境条件适应的可能性。生产中引种一定要有目的性,引入的品种优良性状要超过当地品种,或补充当地品种的不足。否则,就失去了引种的价值。引种适应性判断依据有以下几点:①从当地综合立地条件找出对引进品种适应性影响最大的主导因素,作为预测引种成功的重要依据。例如,新疆品种引入中原地区光照成为主导因素,云南品种引入中原地区温度成为主导因素。②充分了解引进类型和品种的原产地及分布界限,预测引入品种的适应范围,分析原产地、分布范围与引种地区的主要农业气候指标,从而预测引种成功的可能性。③考察品种类型的亲缘关系。树种亲缘关系与其长期系统发育条件有密切关系,一定的生态条件形成相适应的生态型。亲缘关系相近,其生态型也必然相近,所适应的生态条件也相近。④重视和总结前人在当地引种的经验教训,参考前人有关引种的技术资料,作为分析引种可能性的借鉴。

各地应高度重视核桃引种,尤其是新品种的引种,引种前必须考察和分析原产地的土壤、光照、湿度、降水、温度等自然条件,切忌盲目大规模引种栽培,以免造成重大损失。例如,前些年我国北方地区因苗木短缺,大量引进南方核桃种子播种育苗,结果在遭遇2009年的冬季提前降温霜冻时,大量核桃苗木被冻死,而且未冻死的苗木栽植后在每年的冬季其地上部位也受冻害。20世纪90年代,我国曾大规模引进美国黑核桃品种,收效也很不理想。

2. 引种方法 科学的引种方法能够避免引种不当造成的损失,引种之前一定要制定严密的引种计划,以达到事半功倍的效果。

(1)引种注意事项 核桃引种多为引进种子、接穗和嫁接苗,在引进前要严格检疫制度。特别是核桃种植新区,本地尚无核桃病虫害,引种时一定要严格检疫和消毒。引入的种子、接穗、嫁接苗要编号登记。登记项目包括核桃种类、品种名称、材料来源、数量、收到日期、经手人、收到后采取的处理措施、引种材料编号、种植地点等。每种材料收到的批次、时间和来源不同,都要分别编号。这是因为核桃品种繁多,同名异物和同物异名现象普遍存在,编号登记有利于进行核对。新引进的核桃种类和品种都要分别建立引种档案,把引入时的有关种类或品种的植物学性状、经济性状、原产地的立地条件特点等均记录入档。

(2)引种方式 少量引种可以通过查询有关资料,或实地调查收集,也可采用邮寄的方式。大批量引种必须进行实地调查,了解引进品种的生长结果特性,选择高产优质且品种典型性突出的优良株采集繁殖材料,确保引种的纯正性。生产中应特别注意要从无病虫害且生长健壮的植株上采集接穗,如果引进苗木应就地检查苗木质量,并核对品种。邮寄种质材料时要注意包装材料的选择,路途遥远的可用湿锯末作填充物,也可用浸湿的报纸、卫生纸包好,外面再用塑料薄膜包裹,以防失水。

(3)引种时期 引种的时期也很重要,引进苗木应在秋末冬初落叶后,或春季发芽前进行。引进接穗可在枝条休眠后至发芽前进行,若在生长季节引种枝条要注意降温保湿,随采集随嫁接,时间不宜超过 3 天。引进种子可在种子成熟晾干后进行。

3. 引种试验 引进外地核桃品种之前,虽然进行了适应性分析,但仍不能代替引种试验。除了对引种核桃类型的适应性有充分的把握外,都应进行引种试验,以免盲目引种造成损失。少量引种,每个品种可栽植 3～5 株,可与本地主栽品种作对照。对于地形复杂、土壤类型繁多的山地,可选择具有代表性的地块,多设重复小区。引进的品种进入结果期,其综合性状超过本地主栽品种,或某一优良性状表现突出,市场竞争力强,可进行生产性扩繁,小规模栽培,进一步做引种研究。经过几年的引种研究,经历了周期性气候变化的考验,通过自然淘汰和人工选择,最后确定的适合本地栽培的高产优质核桃品种,即可大规模栽培。对于气候条件相近地区的引种,其品种优良性状超过本地主栽品种的,可不经过生产性试栽,直接大规模栽培。

(二)核桃选种技术

1. 选种目标 根据当地的自然条件、生产水平和市场需求确定选种目标。例如,在高海拔山区,年积温低,湿度大,一些优良品种在该地区种植落果多,果仁发育不充实,病害严重。而当地生长的核桃大树有一部分果实品质好,丰产性强,十分适宜当地的土壤和气候条件,从中选择优株,经过无性繁殖,开展丰产性选择对比试验,可选育出适合当地生产应用的优良品种。同样,各地可从大量种植的实生核桃苗中,选择综合性状好的、适合当地土壤和气候条件的优株,经过无性繁殖,选育出丰产、优质、高抗、高油等综合性状优良的品种。

2. 选种时期　原则上核桃生长发育的各个时期均可进行选种,但是为了提高选种效率和选择面,最适宜的选种时期是果实采收期。通过果实采收了解品种的丰产性和商品性状,选育出生产上需要的优良品种,通常在果实采收前 2 周至采收时进行现场调查。抗性选择育种是在剧烈的自然灾害发生之后进行,包括霜冻、严寒、大风、旱、涝和病虫害,抓住时机有针对性地选择抗灾能力强的优良单株和品种类型。

3. 选种方法和步骤

(1)初选　以乡镇林业基层站为单位,组织发动果农对当地核桃树资源进行普查,由果农初选自报,然后逐园考察,一旦发现优良品种或变异类型,进行编号记载。经过 2～3 年的连续观测,确定入选优株,凡是入选的优株都要填写初选表,并采集 5 千克果实进行测评。

(2)复选　对入选的优良单株,开展高接测定,或无性嫁接繁殖,进行田间测定。在嫁接测定过程中,要统一砧木类型,结合生产,用普通核桃作砧木,以消除砧木不同造成的影响。为了深入鉴定优良性状,取得可靠的鉴定结果,必须把当地栽培的优良品种作对照与入选优株进行对比试验,要求试验的各项条件尽量一致。选种圃地要力求均匀整齐,每个参试品种不少于 9 株,可采取单行小区,每行 3 株,重复 3 次,与生产品种作对照。选种圃要建立档案,按期进行观察记载,连续 3 年以上,从结果到进入丰产初期每年对比鉴定,对果实品质及其他主要经济性状进行全面鉴定。如果扩大栽培范围,还应在其他应用地区设置多点栽培试验,对不同地区立地条件和自然气候条件开展适应性鉴定。经过几年的试验,复选出优良无性系。

（3）决选　经过复选的优良无性系,由主管部门组织有关专家进行鉴定,给出品种选育结论,最后决选的品种申请新品种审定,即可在适宜生产的范围内推广应用。

引进优良品种和选育地方优良品种是加快核桃良种化进程的捷径,可节省人力物力,缩短育种时间,有事半功倍的良好效果。

第三章　核桃生长结果习性

一、核桃的生长习性

（一）核桃根系的生长习性

核桃树根系由主根、侧根和须根组成。主根是核桃种子播种后由胚根生长形成的，在土壤中呈垂直状态分布，幼苗时期十分明显。侧根是从主根侧面生长出来的，随着树龄的增长和环境条件的影响，特别是植苗建园的核桃树，主、侧根有时不太明显，在主、侧根上生长着具有吸收功能的须根（图3-1）。

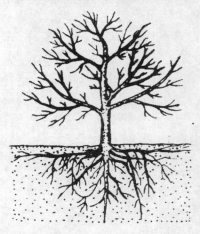

图3-1　成年核桃树的根系

核桃为深根性树种,幼树根系生长快,成年大树根系庞大。强大的根系是核桃树生长量大、抗风、抗旱、丰产等能力强的基础。核桃树根系分布的深度和水平分布的范围与立地条件及人工管理水平密切相关。在土层深厚的黄土丘陵、山前缓坡、平地,土壤疏松、地下水位低,垂直根可深达7米以上,水平根扩展可超过树冠的2倍以上;在比较贫瘠的山坡地,核桃树的根系较浅,个别树的根系可沿石头缝隙延伸到肥水较多的深处或较远的地方;山坡梯田上的核桃树,根系顺坡延伸,梯田内侧根系伸向土层内部,外侧根系沿边缘伸展,其根系的数量和伸展范围显著超过山坡地;在地下水位较浅的河滩地,垂直根系较浅,水平根系伸展范围较大,须根丰富;丘陵黏重土壤上的核桃树,或有硬土层的黏土地上的核桃树,根系垂直分布和水平伸展均受到很大限制。因此,在山坡土质浅薄或黏土地有硬土层的地区,栽植前应深挖树穴,为根系向深处生长创造条件。核桃树根系生长与品种、砧木及树龄密切相关。实生核桃树比嫁接核桃树根系发达;早实核桃树前期根系较晚实核桃树根系发达,后期则晚实核桃树发达。用美国黑核桃作砧木嫁接核桃树的垂直根系发达,用普通核桃作砧木嫁接核桃树水平根系发达,用山核桃(核桃楸)作砧木嫁接核桃树根系生长最弱。据北京林业大学观察,1年生早实核桃较晚实核桃根系总数多1.9倍,根系总长度多1.8倍,细根的差别更大,这是早实核桃的一个重要特性。早实核桃树发达的根系有利于对矿物质和水分的吸收,有利于树体内营养物质的累积和花芽形成,从而实现早结实、早丰产。核桃幼苗时根比茎生长快,据测定,1年生核桃树主根长为主干高的5倍以上,2年生核桃树约为2倍,3年生以上核桃树侧根数量增多,地上部生长开始加速,随树龄增长侧根逐渐超过主根。成年核桃树根系垂直分布在20～60厘米土层中的根量占总根量的80%以上,水平分布主要集中在以树干为圆心的4米半径范围内,大体与树冠边缘相一致。

核桃根系生长和分布状况,常因立地条件的不同而有所变化。据北京林业大学调查,在土壤比较坚实的石沙滩地,核桃根系多分布在客土植穴范围内,穿出者极少。在这种条件下,10年生核桃树多变成树高仅2.5米左右的"小老树"。据河北农业大学对黄土、红土和红土下为石块3种不同类型土壤的调查发现,核桃根系在黄土地生长最好,12年生树主根分布深度可达80厘米,地上部生长也健壮,以红土下为石块的地上部生长最差。

栽植方式对核桃树根系发育和分布也有一定影响。在适宜的土壤条件下,直接播种的坐地苗,除有发育良好的水平根系外,还有发达的垂直根系。移植苗(嫁接苗或实生苗)的根系则大多为水平根,垂直根生长有限。无论在根的总量、吸收根的数量,坐地苗均比移植苗多。

核桃树的根系与其他果树一样,有趋肥性和趋水性,行间比行内的总根量、吸收根量多。这是因为在行间耕作施肥,其肥水相对行内多,有利于核桃树根系的生长发育。同时,土壤物理性质的改善,根系生长环境通气状况良好均有利于根系生长发育并延长根的寿命。

核桃树的根颈是核桃树地上部和地下部进行营养和水分传输的关键部位,是生理上最活跃最敏感的部位,它进入休眠最晚而解除休眠最早,且休眠不深。但由于其接近地表,最容易损伤和冻害,应加强保护。栽植时不可将树苗埋得过深或过浅,根颈露出地表时,要及时埋土覆盖。

核桃树根系活动受温度、水分、土壤通透性等因子影响,也受树体内营养状况和各器官生长势的制约。根系一般没有自然休眠期,温度适中全年均可生长,只有在温度过低的情况下被迫休眠。土壤温度达到5℃～7℃时核桃树即可发生新根,15℃～22℃为根系活跃期,超过22℃则根系生长缓慢。根系活动的适宜土壤相对湿度为60%～80%,土壤水分过多,会影响土壤温度和通透性,从而影响根系的正常活动;土壤水分过少,则根系生长缓慢或停止生长。根系生长受地上部各器官活动的制约,因此根系多呈波浪式生长,一般幼树全年出现3次发根高峰。春季随着地温上升根系开始活动,当温度适宜时出现第一次生根高峰,这次高峰主要是消耗上年贮藏的营养物质。随着新梢生长,养分集中供应地上部,根系活动转入低潮。当新梢生长缓慢、果实尚未迅速膨大时出现第二次发根高峰,这次高峰消耗的养分是当年叶片光合作用制造的。之后果实膨大、花芽分化而且温度过高,根系活动又转入低潮。北方地区进入雨季后,土温降低,根系出现第三次生长高峰。据观察,在河南省等地核桃幼树的第一次根系生长高峰多在4月下旬至5月下旬,第二次根系生长高峰在6月中旬至7月初,第三次根系生长高峰出现在9月初,持续到被迫休眠。成年核桃树根系只有2次生长高峰,春季根系活动后,生长缓慢,直到新梢生长快要结束时形成第一次生长高峰,这是全年的主要生根高峰,到了秋季出现第二次生根高峰,但不甚明显,持续时间也短。

核桃树根系受伤后,可产生愈伤组织,并产生不定根。因此,合理的耕翻土壤和刨树盘,可以刺激不定根的产生,有利于根系更新和肥水吸收。

(二)核桃枝干的生长习性

核桃树地上部分由树干和树冠组成。自然生长的核桃树,树干高大,树冠丰满,集约栽培后的核桃树,树干高度一般控制在80厘米左右。核桃幼树树干表面光滑、灰白色,成年树树干褐色或灰褐色、有细而浅的纵向裂纹。树干支撑树冠,是地上部分和地下部分养分和水分的连接通道。树干发育良好有利于核桃树健壮生长和负载较高的产量。生产中在栽培管理初期,要加强树干的培养和保护,避免虫害或拉伤。树干的粗细与产量有密切关系,在同样的条件下,树干粗的单株比细的产量高。树干的生长与肥水条件和树龄有关,也与砧木、品种、种植密度、管理水平等相关。一般种植密度越大,单株树干越细,单位面积上树干总断面积越大,越有利于早期丰产。

核桃树的树冠由中心主枝、主枝和各级侧枝组成,主枝在中心主枝上呈层状分布,由主、侧枝继续向前延长生长的枝条叫延长枝。按枝条生长的年龄可分为 1 年生枝、2 年生枝、多年生枝。当年生长的枝条叫新梢,没有木质化的枝条叫嫩梢;一年中不同季节萌发生长的枝条可分为春梢、夏梢、秋梢;当年生枝萌发的二次枝、三次枝叫副梢。幼树树冠常呈金字塔形或倒卵形,随着树龄增大,产量增加,逐年变成半圆形至圆形。树冠的大小受生长环境和栽培条件的制约,较大的树冠结果多产量高,但树冠过大使单位面积株数减少,内部光照恶化,结果枝组枯死,结果部位外移,产量下降。因此,生产中不可追求过大的树冠,提倡小冠密植,并通过整形修剪缩小单株树冠体积,使其通风透光良好,以提高单位面积产量。

核桃 1 年生枝条可分为营养枝、结果枝和雄花枝 3 种。

1. 营养枝 又叫叶枝、发育枝、生长枝,为只着生叶片,不能开花结果的枝条。依其长度可分为短枝、中枝和长枝,其中长枝又可分为 2 种:一种是发育枝,由上年叶芽发育而成,顶芽为叶芽,萌发后只抽枝不结果,此类枝是扩大树冠增加营养面积和形成结果枝的基础;另一种是徒长枝,多由树冠内膛的休眠芽(或潜伏芽)萌发而成。徒长枝角度小而直立,一般节间长不充实。如果徒长枝数量过多,会大量消耗养分,影响树体正常生长和结果,故生产中应加以控制。

2. 结果枝 由结果母枝上的混合芽抽发而成,结果枝顶部着生雌花序。按其长度和结果情况可分为长果枝(大于 20 厘米)、中果枝(10～20 厘米)和短果枝(小于 10 厘米)。健壮的结果枝可再抽生短枝,多数当年可以形成混合芽,早实核桃还可以当年萌发,二次开花结果（图 3-2）。

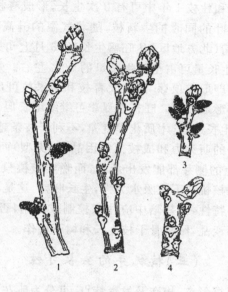

图 3-2　核桃结果枝类型
1. 长果枝　2. 中果枝　3. 雄花枝　4. 短果枝

3. 雄花枝　只着生雄花芽的细弱枝，仅顶芽为营养芽，不易形成混合芽，雄花序脱落后，顶芽以下光秃。雄花枝多着生在老弱树或树冠内膛郁闭处，是树势过弱的表现，消耗养分较多。

核桃幼树期结果主要为长果枝，为了迅速扩大树冠，为丰产打好基础，可在前期将部分长果枝短截后改造成结果枝组或扩大树冠；中果枝生长充实，花芽质量好，坐果率高，是初结果树的主要结果部位，而且在结果的同时，果台副梢还可形成结果枝，保持连年结果；短果枝花芽质量好，坐果率高，是盛果期大树的主要结果部位。核桃树萌芽力和成枝力均较低，如不剪截，则多单轴延长，使基部多数芽成为潜伏芽，顶端萌发 2～3 个中长枝和几个短枝。

核桃枝条的生长受树龄、营养状况、着生部位及立地条件的影响。一般幼树和壮枝1年中可有2次生长,形成春梢和秋梢。春季在萌芽和展叶的同时抽生新枝,随着气温的升高,枝条生长加快,于5月上旬(北方地区)达旺盛生长期,6月上旬第一次生长停止,此期枝条生长量可占全年生长量的90%左右。短枝和弱枝一次生长结束后即形成顶芽,健壮发育枝和结果枝可出现第二次生长。秋梢顶芽形成较晚。旺枝在夏季可继续增长但速度减弱。一般来说,二次生长过旺,木质化程度差,不利于枝条越冬,应加以控制。幼树枝条的萌芽力和成枝力常因品种(类型)而异,一般早实核桃40%以上的侧芽都能发出新梢,而晚实核桃只有20%左右。需要注意的是核桃背下枝吸水力强,生长旺盛,这是不同于其他树种的一个重要特性,在栽培中应注意控制或利用,否则会造成"倒拉枝",使树形紊乱,影响骨干枝生长和树下耕作。

(三)核桃芽的生长习性

核桃芽根据形态、构造及发育特点,可分为雌花芽、叶芽、雄花芽和潜伏芽4种(图3-3)。

1. 雌花芽 又称混合芽,芽体肥大,近圆形,鳞片紧包,萌发后抽生枝、叶和雌花序。晚实核桃的雌花芽着生在1年生枝顶部1~3节位处,单生、叠生或与叶芽、雄花芽上下呈复芽状态着生于叶腋间。早实核桃除顶芽为雌花芽外,其余2~4个侧芽(最多可达20个以上)也均为雌花芽。

2. 叶芽 又称营养芽,萌发后只抽生枝和叶,主要着生在营养枝顶端及叶腋间,或结果枝混合芽以下,单生或与雄花芽叠生。叶芽呈宽三角形,有棱,一般每芽有5对鳞片,在1条枝上以春梢中上部芽较为饱满。早实核桃叶芽较少。

3. 雄花芽 萌发后形成雄花序,多着生在1年生枝条的中下部,数量不等,单生或叠生。为圆锥形裸芽。

4. 潜伏芽 又叫休眠芽,属于叶芽的一种,正常情况下一般不萌发,受到外界刺激后萌发成为树体更新和复壮的后备力量。主要着生在枝条的基部或下部,单生或复生,呈扁圆形,瘦小,有 3 对鳞片,寿命可达数十年之久。

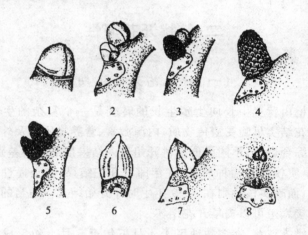

图 3-3 核桃芽的种类及着生状态
1. 单生雌花芽 2. 叠生雌花芽 3.1 雌 1 雄花芽 4. 雄花芽
5. 叠生雄花芽 6. 顶叶芽 7. 腋叶芽 8. 潜伏芽

(四)核桃叶的生长习性

核桃叶为奇数羽状复叶,小叶 5~8 枚,复叶数量与树龄和枝条类型有关。1 年生幼苗有 16~22 个复叶,结果初期以前,营养枝上有 8~15 个复叶,结果枝上有 5~12 个复叶。结果盛期以后,随着结果枝大量增加,果枝上一般有 5~6 个复叶,内膛细弱枝只有 2~3 个复叶,而徒长枝和背下枝复叶多达 18 个以上。复叶的多少与质量对枝条和果实的发育关系很大,据观测,着生双果的枝条要有复叶 5~6 个及以上,才能保证枝条和果实的发育,并保证连续结实;低于 4 个,尤其是只有 1～2 个复叶的果枝,难以形成雌花芽,且果实发育不良。核桃叶片也是目测树体营养水平高低的指标之一,叶片深绿色且厚实,说明生长健壮,植株的营养水平高;叶片黄绿而且薄,说明植株缺乏肥水,应加强肥水管理。

二、核桃开花习性

(一)核桃花芽分化期

核桃由营养生长向生殖生长的转变是一个复杂的生物学过程。开花结实早晚受遗传物质、内源激素、营养物质以及外界环境条件的综合影响,不同类群核桃开始进入结果期的年龄差别很大。例如,早实核桃在播种后 2～3 年即可开花结果,甚至播种当年即可开花;而晚实核桃则在 8～9 年生时才开始结实。适当的栽培措施如嫁接繁殖可以提早开花结实。

核桃雄花芽,在多数地区于 4 月下旬至 5 月上旬形成花芽原基;5 月下旬花芽直径达 2～3 毫米,表面呈现出不明显的鳞片状;5 月下旬至 6 月上旬,小花苞和花被的原始体形成,可在叶腋间明显地看到表面呈鳞片状的雄花芽;至翌年 4 月份迅速发育完成并开花散粉。

核桃雌花芽的分化,包括生理分化期和形态分化期。据河北农业大学观察,核桃雌花芽的生理分化期约在中短枝停止生长后的第三周开始,到第四至第六周为生理分化盛期,第七周基本结束。华北地区核桃雌花芽分化期为 5 月下旬至 6 月下旬。雌花芽生理分化期也称为花芽分化临界期,是控制花芽分化的关键时期。此期花芽对外刺激反应敏感,因此可以人为地调节雌花的分化。如在枝条停止生长之前,可通过摘幼叶、环剥、调节光照、少施氮肥、减少灌水、叶面喷施生长延缓剂等措施,控制生长,减少养分消耗,增加养分积累,调节内源激素的平衡,从而促进雌花芽的分化;相反,如需树势复壮,则可采取有利于生长的措施,如多施氮肥、去掉部分老叶等,从而抑制雌花分化,促进枝叶生长。雌花芽的形态分化是在生理分化的基础上进行的,整个分化过程约需 10 个月。据河北农业大学在保定等地观察,雌花芽开始分化期为 6 月下旬至 7 月上旬,雌花原基出现期为 10 月上中旬,冬前在雌花原基两侧出现苞片、萼片和花被原基,之后进入休眠停止期,翌年春 3 月中下旬继续完成花器各部分的分化,直到开花。早实核桃二次花分化从 4 月中旬开始,5 月下旬分化完成,二次花距一次花时间为 20～30 天。形态分化期需消耗大量的营养物质,应及早供给和补充养分。

(二)核桃开花特性

核桃一般为雌雄同株异花。但发现从新疆引种到中原地区的早实核桃幼树有雌雄同花现象,只是雄花多不具花药,不能散粉;也有雌雄花同序现象,但雌花多随雄花脱落。上述这两种特殊情况对生产没有实际意义。核桃雄花序一般长 8～12 厘米,偶有 20～25 厘米,每个花序着生约 130 朵小花,多的达 150 朵,每个花序可产花粉约 180 万粒或更多,重 0.3～0.5 克,其中有生活力的花粉约占 25%。气温超过 25℃,会导致花粉败育,降低坐果率。雄花春季萌动后,经 12～15 天,花序达一定长度,小花开始散粉,其顺序是由基部逐渐向顶端开放,2～3 天散粉结束。散粉期遇低温、阴雨、大风等,对授粉受精不利。雄花过多,消耗过多养分和水分,会影响树体生长和结果。试验表明,适当疏雄(除掉雄芽或雄花约 95%)有明显的增产效果。核桃雌花可单生或 2～4 朵簇生,有的品种 10～15 朵小花呈穗状花序,如穗状核桃。雌花初显露时幼小子房露出,二裂柱头抱合,此时无授粉受精能力。5～8 天后子房逐渐膨大,羽状柱头开始向两侧张开,此时为始花期;当柱头呈倒"八"字形时,柱头正面突起且分泌物增多,为雌花盛花期,此时接受花粉能力最强,为授粉最佳时期。经 3～5 天以后,柱头表面开始干涸,授粉效果较差。之后柱头逐渐枯萎,失去授粉能力。

核桃雌、雄花的花期不一致,称为"雌雄异熟"性。雄花先开者叫"雄先型",雌花先开者叫"雌先型",雌雄花同时开放者为雌雄同熟型(这类情况较少)。研究认为,同熟型品种的产量和坐果率最高,雌先型次之,雄先型最低。

核桃一般每年开花一次,早实核桃具有二次开花结实的特性,二次花着生在当年生枝顶部。花序有 3 种类型:一是雌花序,只着生雌花,花序较短,一般长 10～15 厘米。二是雄花序,花序较长,一般为 15～40 厘米,对树体生长不利,应及早去掉。三是雌雄混合花序,下半序为雌花,上半序为雄花,花序最长可达 45 厘米,一般易坐果。此外,早实核桃还常出现两性花,一种是雌花子房基部着生雄蕊 8 枚,能正常散粉,子房正常,但果实很小,早期脱落。另一种是在雄花雄蕊中间着生一发育不正常的子房,多早期脱落。二次雌花多在一次花后 20～30 天时开放,如能坐果,坚果成熟期与一次果相同或稍晚,果实较小,用作种子能正常发芽。用二次果培育的苗木与一次果苗木无明显差异。

核桃品种不同,花期时间相差较大,在河南省不同品种花期相差 7～10 天,生产中可通过增加主栽品种数量,减轻核桃春季冻害造成的损失。核桃花期的早晚受春季气温影响较大,如云南省漾濞等地核桃花期较早,3 月上旬雄花开放,3 月下旬雌花开放;北京地区雄花开放始期为 4 月上旬,雌花为 4 月中旬;辽宁省旅大等地花期最晚,5 月上旬为雌、雄花开放始期。即使同一地区不同年份,花期也有变化。对一株树而言,雌花期可延续 6～8 天,雄花期可延续 6 天左右;1 个雌花序的盛期一般为 5 天,一个雄花序的散粉期为 2～3 天。

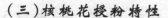

（三）核桃花授粉特性

核桃系风媒花,花粉传播的距离与风速、地势等有关,在一定距离内,花粉的散布量随风速增加而加大,但随距离的增加而减少。据研究报道,最佳授粉距离在距授粉树 100 米以内,超过 300 米几乎不能授粉,需进行人工授粉。花粉在自然条件下的寿命只有 5 天左右。据测定,刚散出的花粉生活力高达 90%,放置 1 天后降至 70%,在室内条件下,6 天后全部失去生活力。在冰箱冷藏条件下,采粉后 12 天生活力下降至 20% 以下。在 1 天中,上午 9～10 时和下午 3～4 时给雌花授粉效果最佳。

核桃的授粉效果与天气状况和开花情况有较大关系。多年经验证明,凡雌花期短、开花整齐者,其坐果率就高;反之,则低。据调查,雌花期 5～7 天的坐果率高达 80%～90%,8～11 天的坐果率在 70% 以下,12 天的坐果率仅为 36.9%。花期如遇低温阴雨天,则会明显影响正常的授粉受精,降低坐果率。

有些核桃品种或类型不需授粉,也能正常结出有生活力的种子,这种现象称为孤雌生殖。河北省涉县林业局于 1983 年观察发现,核桃孤雌生殖率可达 4.08%～43.7%,且雄先型树高于雌先型树。国外有研究,观察了 38 个中欧核桃品种在 9 年中的表现,其中有孤雌生殖现象者占 18.5%。此外,用异属花粉授粉,或用吲哚乙酸、萘乙酸等植物生长调节剂处理,或用纸袋隔离花粉,均可使核桃结出有种仁的果实。这一研究表明,不经授粉受精,核桃也能结出一定比例的有生殖能力的种子。这对核桃生产和科研有一定的利用价值。

三、核桃果实生长发育习性

(一)果实生长发育规律

从雌花柱头枯萎到总苞变黄开裂,坚果成熟的整个过程,称为果实发育期。此期的长短因栽培条件和生态条件不同而异,阳坡果实成熟早,阴坡果实成熟晚;肥水条件好的地块果实成熟晚,肥水条件差的地块果实成熟早;早熟品种果实发育期短,晚熟品种果实发育期长。河南地区核桃果实发育期多为 4 个月左右。核桃果实发育过程可分为以下 4 个时期。

1. 果实速长期 果实初始形成后的 30~35 天,一般在 5 月初至 6 月初,是果实体积增长最快的时期,其体积生长量占成熟果实的 90% 以上,日平均绝对生长量达 1 毫米以上。但品种不同,果实生长速度也有明显的差别。

2. 果壳硬化期 又称硬核期,从 6 月初至 7 月初,该期约需 35 天。坚果核壳自果顶向基部逐渐变硬木质化,种核内隔膜和内褶壁的弹性及硬度逐渐增加,壳面呈现刻纹,硬度加大,种仁由浆状物变成嫩白的核桃仁,营养物质迅速积累,果实大小已基本定型。据测定,果实 6 月 11 日至 7 月 1 日的 20 天内出仁率由 13.7% 增加至 24.1%,脂肪含量由 6.91% 增加至 29.24%。果壳发育与光照条件、品种特性相关,光照条件好,果壳发育好;内膛果因光照较差,果壳发育也较差。有新疆核桃基因的品种果壳发育差。

3. 油脂迅速转化期 在 7 月上旬至 8 月下旬,该期需 50~55 天。果实大小定型后,重量仍有增加,种仁不断充实饱满,坚果脂肪(即油)含量迅速增加,由 29.24% 增加至 63.09%,出仁率由 24.1% 增加至 46.8%,含水率下降,风味由淡甜变香脆。

4. 果实成熟期 在8月下旬至9月上旬,该期需15天左右。果实已达该品种应有的大小,坚果重量略增加,果皮由绿色变黄色,有的出现裂口,坚果易脱出。据研究,此期坚果含油量仍有增加,采收过早会降低产量和品质。

(二)落花落果特点

核桃雌花末期子房未经膨大而脱落为落花,子房发育膨大而后脱落为落果。一般来说,核桃多数品种落花较轻,落果较重。但有研究表明,核桃落花现象亦很严重,落花率因品种而异,有些品种落花率达50%以上,高的可达90%左右。

核桃落果多集中在柱头干枯后的30~40天,尤其是果实速长期落果最多,称为"生理落果"。核桃自然落果率可达30%~50%,不同品种和单株间通常落果率差异较大,多的达60%,少的不足10%。核桃落果与受精不良、营养不足、花期低温、干旱等有关。据报道,在陕西省商洛地区一些品种落果率达到90%以上,个别品种落果率达100%。在新疆核桃产区,6~8月份气温高、干旱,造成核桃果实发育不良,落果严重。生产中应针对落果原因,结合核桃生物学特性,在加强土、肥、水管理的基础上,花期采取叶面喷施0.2%~0.3%硼酸溶液、进行人工辅助授粉和疏除过多雄花芽等措施,有利于提高核桃坐果率。

第四章　核桃苗木培育技术

我国传统的核桃栽培多采用实生繁殖的苗木,由于实生苗木遗传基础比较复杂,后代分离较大,不同单株间表现差异很大,结果期早晚可相差 3～4 年,甚至 7～8 年,产量相差几倍甚至几十倍,坚果品质差异更大。现代核桃栽培大都采用优良品种嫁接苗建园,明显缩短了结果年限,提高了产量和品质。核桃嫁接繁殖的主要优点:一是能很好地保持母体的优良性状,迅速扩大繁殖优良品种或优系,加速实现核桃良种化。二是能显著提高产量,改善品质。目前我国实生核桃结果树平均株产量只有 2 千克左右,每 667 米^2 平均产量不足 50 千克。用嫁接苗建园,5 年生核桃树每 667 米^2 产量可达 150 千克以上。此外,实生核桃树群体坚果品质混杂,良莠不齐,商品价值低;采用嫁接繁殖,其群体后代坚果品质基本一致,可保证优种优质,满足内销外贸的要求。三是能提早结果。实生繁殖的核桃树一般结实较晚,晚实型实生核桃 8～10 年开始结果,早实型实生核桃需 3～4 年开始结果;而嫁接的晚实型核桃只需 3～5 年便可结果,早实型核桃一般在第二年即可结果。四是有助于矮化密植栽培。利用矮化砧木可使树体矮化,而矮化栽培则是实现果树集约化经营的重要途径。五是可充分利用核桃种质资源。我国核桃资源丰富,野生砧木种类多,分布广,利用这些野生资源嫁接核桃,可达到生长快、结果早、延迟早实核桃早衰和扩大核桃栽培区域的目的。

一、砧木苗培育

砧木苗是指利用种子繁育而成的实生苗,或选育出具有特殊性状无性繁殖的专用砧木苗。砧木的质量和数量直接影响嫁接成活率及建园后的经济效益。

(一)我国核桃砧木种类及特点

我国嫁接核桃砧木种类主要有核桃、铁核桃、核桃楸、野核桃、麻核桃、吉宝核桃、心形核桃和美国黑核桃8种,目前应用较多的为核桃。此外,南方地区由于降水量大、湿度高,有的用核桃属植物枫杨作核桃砧木。

1. 核桃 以核桃作砧木(也称共砧或本砧),嫁接亲和力强,成活率高,核桃树生长和结果良好,在国外还表现有抗黑线病的能力,目前我国北方地区普遍采用。但生产中应注意种子来源尽可能一致,以免后代个体差异太大,影响嫁接品种的生长发育。

2. 美国黑核桃 生产上用量较少,据有关研究单位试验,用美国黑核桃中的奎核桃嫁接亲和力强,核桃树生长结果良好。用黑核桃作砧木嫁接核桃的主要优点是根系发达、耐旱、固肥能力高,嫁接后能达到高产优质效果;黑核桃生长量大,可缩短核桃育苗周期,提高核桃嫁接苗质量;采用黑核桃作砧木嫁接核桃良种,既可克服根腐病、根颈腐病、树干溃疡病、根结线虫病等病害,又可提高对土壤黏重和盐碱的适应能力;东部黑核桃可耐受－43℃的低温,嫁接核桃后可提高植株的耐寒能力,特别适宜在山西、陕西、河北、宁夏、吉林、甘肃北部、内蒙古南部以及辽宁、北京、天津、青海、新疆、西藏等地作核桃的优良砧木。

3. 优良砧木品种 中国林业科学院林业研究所选育的核桃砧木新品种"中宁奇"、"中宁强"、"中宁盛"(2013年通过河南省林木新品种审定),与核桃优良品种嫁接亲和力强,嫁接成活率高,结果早,产量高,抗性强。嫁接早实核桃品种抗早衰性明显,而且抗旱、抗寒、耐瘠薄,还可改善核桃果实口感。压条繁殖技术简单,繁殖系数高,是应用潜力较大的核桃优良砧木。同时,这3种砧木生长量大,树形美观,也是良好的用材树种和优美的园林树种。

(二)苗圃地建立

培育优良核桃苗,满足生产用苗,需因地制宜建立育苗圃。各地为了保证苗木品种的先进性和纯正性,应建立优良品种接穗圃、育苗基地圃和砧木种子生产圃,以确保培育优质壮苗。

1. 苗圃地选择 苗圃地选择是育苗成败的基础。苗圃地应选择地势平坦开阔且便于排灌和耕作的地方。低洼闭塞、易于聚积冷空气的风口和谷地,不宜作苗圃地。苗圃地最好选择平地,坡地的坡度应小于5°。土壤是供给苗木生长所需水分、养分和空气的溶质,也是苗木根系生长发育的环境。苗圃地应选择土层深厚、肥沃、土质疏松的沙壤土和轻黏壤土。贫瘠或石砾较多的土壤,干旱的坡地,培育出来的苗木生长量小,根系不发达,质量差,对不良环境的适应能力弱,栽植不易成活,即便成活生长也较弱;黏重土壤易板结,透气性差,影响根系发育;地下水位高,土壤空气不流通,苗木根群不发达,但吸水容易,枝条徒长,越冬易冻死或梢头冻枯,而且遇到降水量高的年份苗木易受涝而死。因此,不宜选择瘠薄或黏重的土壤作苗圃地,地下水位高的河滩地也不宜作苗圃地。苗圃地地下水位不宜超过1.5米。同时,连续多年的育苗地和废弃的果园地不宜作苗圃,避免因苗木生长所需元素的缺乏和有害元素的积累,而降低苗木质量和感染病虫害。

2. 苗圃规划 苗圃地确定后应着手进行圃地规划。在规划苗圃地时,应在迎风方向设立防风林,在苗圃地里设立网状的区间林带,林带间距为100～200米。在规划防风林的同时,本着因地制宜、提高土地利用率和方便操作的原则,将苗圃地划分成若干个作业小区。小区设计成长方形,长度为 100～200 米,宽度可为长度的 1/3～1/2。小区与小区之间设步道,应尽量使道路与排灌系统合理分布,以不浪费土地。为了方便采集接穗并保证接穗新鲜,应规划出优良品种采穗圃,也可以栽植核桃优良品种防风林带代替采穗圃,这样既节约土地又距离嫁接地点近,减少运输成本。同时,苗圃地还应规划出灌溉井、晒水池、作业场、假植地、地窖、仓库、房屋等基础设施。个体育苗户可根据自己的土地面积只规划育苗地和灌溉水渠。

3. 整地做苗床

(1)深耕 土地经过深耕,活土层加厚,土壤物理结构得到改善,能提高蓄水保墒能力和耕层温度,有利于土壤微生物活动,从而为核桃种子发芽和根系的生长发育创造良好的土壤环境。深耕宜早,秋耕比春耕好,早耕有利于熟化土壤。结合深耕,每 667 米^2 施腐熟有机肥 2～4 吨,耕深以 25～30 厘米为宜。深耕后灌足水,春季播种前再浅耕 1 次(15～20 厘米),然后耙平镇实备用。

(2)土壤消毒 其目的是消灭土壤中的病菌和虫源。方法是每平方米苗床用 40% 甲醛 50 毫升,加水 6～12 升,播种前 10～15 天喷洒,然后用塑料薄膜覆盖并压实,播种前 5 天除去薄膜,待甲醛气味散失后播种。

(3)做苗床 核桃育苗可采取床(畦)作和垄作 2 种方式(图 4-1)。新疆等多地采用低床方式,即床面低于步道或地埂 25～30 厘米,床宽 1～1.5 米,床长约 10 米,低床保水节水效果好。中原地区灌溉条件好的地方多采用高床方式,即床面与步道(地埂)相平或略高,床宽 1 米,床长 15～20 米,高床浇水后床面不易板结。垄作的垄高 20～30 厘米,垄顶宽 30～35 厘米,垄间距约 70 厘米,垄长约 10 米,垄作的特点是便于灌溉,土壤不易板结,光照、通风条件好,管理和起苗较方便。干旱和浇水困难的育苗地,可采用低床方式,地下水位高和灌溉方便的育苗地可采用高床或垄作方式。

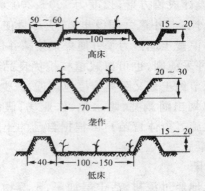

图 4-1　育苗作业方式　（单位：厘米）

(三)采种及种子贮藏

1. 采种　目前,我国多采集实生大核桃树的种子作砧木育种,由于这些大树的果实大小悬殊较大,核壳厚薄不一,商品价值低,生产中应注意选种。首先选择生长健壮、无病虫害、种仁饱满的壮龄树为采种母树。当坚果达到形态成熟,即青皮由绿色变黄色并开裂时采收。此时的种子内部生理活动微弱,含水量少,发育充实,最容易贮存。若采收过早,胚发育不完全,贮藏养分不足,晒干后种仁干瘪,发芽率低,即使发芽出苗,也难成壮苗。为确保种子充分成熟,作种子用的核桃坚果一般较商品坚果晚采收 1 周左右。采集后可用剥皮机械直接将青皮剥离,捡出坚果晾晒。种子量少的也可将果实堆沤脱皮或用乙烯利处理,一般 3～5 天即可脱去青皮。堆沤时注意不可堆积过厚,以免发热烧坏种子。脱青皮后的核桃种子及时薄层摊在通风干燥处晾晒,避免在水泥地面、石板或铁板上直接暴晒。

2. 贮藏 充分成熟的核桃种子无休眠期,秋播的种子在常温条件下贮藏一段时间后,秋末趁墒播种,也可将采收后带青皮的种子直接播种。多数地区以春播为主,春播的种子贮藏时间比较长,种子必须充分晾干,避免含水过高、通风不良使种子发霉变质。核桃种子的贮藏方法主要有室内干藏和冷库贮藏。种子量少,可在室内干藏,方法是将晾晒的干燥种子装入麻袋或编织袋内,放在低温、干燥、通风良好的室内或仓库内。种子量大,必须放在冷库中贮藏,冷库温度保持在4℃左右,空气相对湿度保持在50%以下,按种类和品种分开,将种子分别装入编织袋内,系好标签,以防混杂。无论常温贮藏还是冷藏都要注意防止鼠害和通风干燥,保证种子的生活力。

此外,也可将核桃种子沙藏层积。方法是选择背风向阳、地势高燥、排水良好的地方,挖深1米左右、宽1.5米左右,长度视种子量而定的坑,在坑底和坑四周壁上铺一层防鼠铁丝网,将种子在清水中浸泡透,以种仁饱胀为标准(初冬水温较高需3～5天,深冬水温较低需5～7天),注意浸泡时勤换水。层积前将底层铺10厘米厚的湿沙,湿沙以手握成团而又不滴水为度,然后以湿沙与种子5:1的比例充分混合后填入坑内,至距地面20厘米为止,上面再覆盖10厘米厚湿沙,并盖上防鼠铁丝网,最上面覆盖秸秆即可。冬季下雪后应及时清除积雪,防止雪水流入层积坑造成种子霉烂。春节过后,气温上升,要经常打开层积坑翻动种子,保证坑内温度均匀,种子发芽整齐,待部分种子发芽后捡出发芽的种子播种。此法费工费时,主要在种子量少,或种子珍贵时采用,多用于科研育苗。

(四)种子处理

秋季播种不需进行种子处理,可直接播种。春季播种,干种子经过处理,才能保证发芽、出苗整齐。种子处理方法有以下几种。

1. 冷水浸种法　将核桃干种子装入编织袋内,袋内放 2 块砖头或石块,以防浸种时漂浮。把种子袋放入河水或池塘中,并用绳子拴牢以免漂走。第五天开始,每天检查浸泡情况,经过 6～7 天种子即可泡透。没有河水或池塘的地方,可以用塑料桶、缸等容器,或在地面挖一个坑,垫上塑料布或彩条布,将核桃种子放入,倒进清水,浸泡 6～7 天,期间每天换 1 次水,检查种仁泡胀,即可捞出播种。浸泡时注意用木板或箅子将种子压入水中,以利于种子充分吸水。

2. 温水浸种法　种子量少时,可用 2 份沸水、1 份凉水对成温水浸泡种子。方法是把干种子放入温水中搅拌至常温,浸泡 4～5天,之后每天换 1 次清水,检查种仁泡胀即可捞出播种。

3. 开水烫种法　用一口面较大的锅,盛八成的水烧沸,再用一口缸盛冷水,把干核桃种子放入竹篮内,在沸水中浸泡 30 秒钟后,立即倒入冷水缸中浸泡 3 天,检查种仁吸水发胀即可捞出播种。

4. 温水催芽法　种子经温水浸泡吸水膨胀后捞出,放入篮子或竹筐中,用湿布盖上,每天早、晚用 45℃ 温水冲洗种子 2 次,或在 35℃～40℃ 温水中淘 2 遍,种壳开裂露出根尖后按种植密度播种。

(五)播种技术

1. 播种期　核桃播种期分秋播和春播。

(1)秋播　秋播又分为带绿皮播种和种子播种。带绿皮播种是将充分成熟的核桃果实从树上采收后,立即带青皮播种于苗圃地内,播种时间一般在 9 月中下旬;种子播种时间一般在 10 月下旬以后,趁秋墒把浸泡过的种子播种到苗圃地。带绿皮播种,因播种较早,气温较高,种子在土壤中部分发芽出土,冬季地上部分冻枯,翌年春季还可从土层幼苗腋芽萌发成苗;晚播的种子,因地温低不萌发出土。核桃秋季播种避免了种子贮藏和处理,节省人力物力,而且翌年春季出苗早,出苗整齐,苗木生长健壮,适于大面积育苗操作。但是,秋播种子在土壤中停留时间长,易受牲畜鸟兽盗食,增加了育苗风险。因此,在鸟兽危害较重的山区不宜秋播。

(2)春播 春播是在3月中下旬至4月初土壤解冻之后进行。春播的缺点是播种期短,田间作业紧迫。若延误了播种期,则因气候干燥,蒸发量大,不易保持土壤湿度,而且生长期缩短,会降低苗木质量。

2. 播种方法 核桃播种方法有宽窄行和等距离行2种。宽窄行一般要求宽行距40~60厘米,窄行距20~30厘米;等距离行一般要求行距40~50厘米。宽窄行播种单位面积育苗数量多,便于苗木田间管理。宽行距离以能够容下嫁接人员嫁接操作为宜;窄行距离视土壤肥力和管理条件而定,土壤肥力高和管理条件好距离可小些;否则,可大些。等距离行播种的行距也可视土壤肥力和管理条件而定。山地栽植的核桃实生苗,为提高栽植成活率,可采用营养钵育苗。核桃苗生长量大,苗木粗壮,营养钵应相对较大,一般要求直径在15厘米左右。营养土的配方多为1/3土杂肥+2/3新黄土,土杂肥要充分沤制和腐熟。播种前如果墒情差需浇水,尤其是春季播种,温度上升快,风大,水分蒸发快,易造成土壤缺水,因此墒情差时一定要浇水后播种,以保证出苗整齐。春季育苗遇到大风、干旱和低温的年份,播种后要覆盖地膜,保温保湿,利于种子出土。

播种时摆放种子以种子缝合线与地面垂直为好,这样胚根萌发向地下生长,胚芽萌发向地上生长,苗木出土整齐健壮(图4-2):一般播种深度为12厘米左右,秋季可适当深播,春季可适当浅播,播种后保持土壤湿润。

3. 播种量 一般每千克核桃种仁有60~70粒种子,中等核桃每千克有种子100粒左右,小核桃每千克有种子120~140粒。

每 667 米² 有基本苗 6 000～8 000 株,根据种子大小和播种株行距,一般大粒种子每 667 米² 播种量为 150 千克,中粒种子每 667 米² 播种量为 90～100 千克,小粒种子每 667 米² 播种量为 70～80 千克。播种前一定要检查种子质量,可用随机抽样的方法,抽取种子量的 10%,检查其饱满度、生活力,并除去霉变粒、干瘪粒、虫果等,然后精确计算播种量,保证可用基本苗数量。

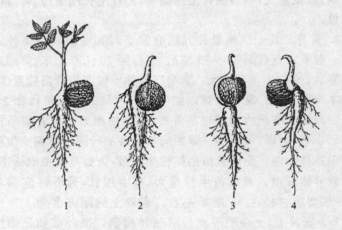

图 4-2 种子放置方式与出苗的关系
1. 缝合线与地面垂直 2. 种尖向上 3. 种尖向下 4. 缝合线与地面平行

(六)砧木苗期管理

加强核桃苗期管理是实现当年嫁接和缩短育苗周期的重要环节。春季播种 20 天后即可出苗,40 天左右出齐苗,覆盖地膜的可提早出苗 1 周左右。

1. 间苗和补苗 幼苗出齐后长至 2～3 片真叶时开始间苗,每穴留 1 株苗,多余的苗剔除。结合间苗在缺苗断垄处补苗,可从苗木密度大的地方带土起苗,移栽后及时浇水。旱地移栽补苗要选择在阴雨天进行,也可在晴天的下午 4 时后进行,用壶水点浇。缺苗量大时应采用温水催芽后重新点播,以保证苗圃地苗木整齐。结合间苗、补苗,对苗圃地进行松土除草,以促进幼苗前期生长。

2. 苗木断根 核桃为深根性树种,主根发达,为促进侧根生长,提高苗木生长速度和移栽成活率,同时节省起苗时的工作量,幼苗时期应切断主根。方法是在幼苗生长至 30～40 厘米高时,在距离苗木基部 20 厘米处,用断根铲呈 45°角从地面斜切,将幼苗主根切断,断根后及时浇水,以保证幼苗正常生长。催芽播种的幼苗不需断根处理。核桃苗断根可明显增加侧根数量,促进侧根生长量,有效控制苗木徒长,促使苗木健壮生长,增加苗木抗逆能力(图 4-3)。

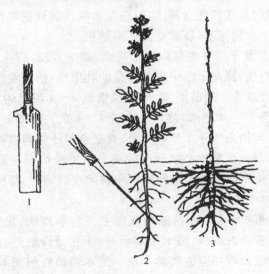

图 4-3 砧木断根
1. 断根铲 2. 断根 3. 断根苗根系

3. 肥水管理 一般在核桃苗出齐前不需浇水,但在北方一些地区,春季有干热风,土壤保墒能力较差,影响出苗,需及时浇水,并视具体情况进行浅松土。苗出齐后,为了加快生长,应及时施肥浇水,一般苗期追肥 2～3 次。第一次追肥在苗高 15 厘米左右时进行,每 667 米² 施碳酸氢铵 10～15 千克,或尿素 5～10 千克。第二次追肥在 6～7 月份苗木速生期,每 667 米² 施碳酸氢铵 20～25 千克,或尿素 10～15 千克。如果 6 月底苗木仍未达到嫁接要求粗度,可再追施肥 1 次。结合追肥要及时浇水,并进行中耕除草。旱地和浇水不方便的育苗地,要抓住雨前或雨后的有利时机追肥。结合土壤追肥,幼苗生长期间还应进行根外追肥,可叶面喷施 0.3%尿素溶液或 0.3%磷酸二氢钾溶液,每 7～10 天 1 次。夏季,雨水多的地区要注意排水,以防苗木晚秋徒长或烂根死亡。入冬时要浇 1 次封冻水,以防幼苗冬季枯梢。

4. 中耕除草 中耕可以疏松表土,减少蒸发,防止地表板结,促进气体交换,提高土壤中有效养分的利用率,给土壤微生物活动创造有利的条件。幼苗前期,中耕深度以 2～4 厘米为宜,后期可逐步加深至 8～10 厘米,苗期应中耕 2～4 次。苗圃杂草生长快,繁殖力强,与幼苗争夺水分和养分,有些杂草还是病虫害的媒介和寄生场所,因此苗圃地必须及时除草。中耕除草可与追肥浇水结合进行,在杂草旺长季节进行专项中耕除草的同时,每次追肥浇水后均要及时中耕除草。

5. 病虫害防治 核桃苗期病害主要有黑斑病、炭疽病、白粉病、苗木菌核性根腐病、苗木根腐病等,除在播种前进行土壤消毒处理外,还应采取相应的防治方法。苗木菌核性根腐病和苗木根腐病,可用 10%硫酸铜溶液或 70%甲基硫菌灵可湿性粉剂 1 000 倍液浇灌根部,每 667 米² 用药液 250～300 千克,然后再用消石灰撒于苗茎基部及根际土壤,对抑制病害蔓延效果良好。黑斑病、炭疽病、白粉病,可在发病前每隔 10～15 天喷 1 次等量式波尔多

液 200 倍液,连续喷 2～3 次;发病初期喷 70％甲基硫菌灵可湿性
粉剂 800 倍液,防治效果良好。幼苗出土后,如遇高温暴晒,幼苗
嫩茎先端易焦枯,生产中要及时浇水降温,防止发生日灼病。

核桃苗期虫害主要有象鼻虫、刺蛾、金龟子、浮尘子等,可选用
90％晶体敌百虫 1 000 倍液,或 2.5％溴氰菊酯乳油 5 000 倍液,或
80％敌敌畏乳油 1 000 倍液,或 50％杀螟硫磷乳油 2 000 倍液喷雾
防治。

二、嫁接苗的培育

果树嫁接是无性繁殖的一种方法,是把母体树的枝或芽,接在
另一植株的适当部位,使其产生愈伤组织,形成一个新的植株。接
上去的部分叫接穗,被接的部分叫砧木。用嫁接方法繁殖苗木,可
以保持原有品种的优良特性,因此培育嫁接苗一定要选择优良品
种的枝或芽作接穗。

接穗与砧木嫁接成活的程度叫嫁接亲和力。一般砧木与接穗
亲缘关系近,其生理特性、组织结构和新陈代谢方面具有更多的相
似性,嫁接亲和力就强,嫁接后容易成活。同种内的接穗与砧木嫁
接亲和力最强;同属异种间的嫁接亲和力因果树种类不同而异。
例如,核桃嫁接在美国黑核桃的奎核桃上表现有良好的亲和性,核
桃嫁接在核桃楸上其亲和性差;同科异属的接穗与砧木嫁接亲和
力一般比较小,极个别的亲和力较强。

砧木对接穗有矮化、乔化、耐寒、抗旱、抗病虫害等影响,接穗
对砧木也有不同的影响,因此选择合适的砧木与接穗组合,是嫁接
成活和嫁接植株生长结果的关键技术。核桃树伤流较重,树皮含
单宁较高,枝条髓心和芽眼均较大,嫁接成活率低,生产中一定要
掌握好适宜的嫁接时间和严格操作规程,确保嫁接成活。

（一）接穗选择

选择优良母树上的枝条作接穗,是繁殖优良核桃苗木的前提。选择接穗应遵从以下原则:一是应选择当地栽培的优良品种,对外地优良品种尚不了解是否适于本地土壤、气候条件时,不宜大批量引进,以免造成损失。二是母树要品种纯正、生长健壮并保持应有的品种特性。这是因为核桃树经过长期无性繁殖,往往会出现变异类型,失去原有品种的特性。也可建立专门的采穗圃,采穗圃内的核桃树应是优良品种或品系的嫁接树或高接树。三是从优良母树上发育充实的1年生营养枝上选取接穗,最好是选取其中部的饱满芽作接穗。不可从结果枝、徒长枝上选取接穗。合格的穗条标准是:枝接所用穗条为长1米左右、粗1~1.5厘米的营养枝,穗条应生长健壮,发育充实,髓心较小。芽接所用穗条应是木质化较好的当年发育枝,幼嫩新梢不宜作穗条,所采接芽应成熟饱满。四是选择无检疫对象或无传染病虫害植株作母树。

（二）接穗采集与贮运

1. 接穗采集

（1）采集时期　嫁接时期不同,采集接穗的时间也不同。枝接接穗从核桃树落叶后直至芽萌动前(整个休眠期)均可采集。采穗的具体时间应根据实际情况而定,气候寒冷的地区,核桃枝条易受冻害,抽条现象严重(特别是幼树),宜在秋末冬初采集。此期采集的接穗只要贮藏条件好,防止枝条失水或受冻,就可保证嫁接成活率;核桃枝条可安全越冬,未有冻害抽条的地区,可在春季芽萌动之前采穗。嫁接量大的宜在秋末或冬初采集接穗,也可结合冬季修剪采集接穗。嫁接量小的可于春季萌芽前15天采集,经短暂贮藏即可嫁接;夏季芽接可随采随用,一般不贮藏,避免因贮藏降低嫁接成活率。芽接接穗贮藏时间不能超过5天。无论是母树休眠期采集接穗,还是生长季节采集接穗,均要采集枝条通圆光滑的,特别是芽基处要求尽量平滑,此种接穗嫁接成活率高。芽基处凸起明显的,嫁接成活率低。

(2)建采穗圃　长期育苗地需要大量接穗,从外地调进接穗不仅成本高,品种不一定适宜,而且长途运输和长时间贮存接穗质量降低,尤其在夏季会使嫁接失败。因此,培育接穗母树或采穗圃,建立当地的采穗基地,实现接穗自给非常必要。其方法:①利用现有核桃大树资源培育采穗母树。可选择适宜品种、丰产优质、生长健壮的单株,加强栽培管理,进行重剪或回缩更新,促生大量健壮新枝,培育优良接穗。②大树改接培育采穗母树。在当地选择生长健壮的中幼龄核桃树,用引进的核桃优良品种接穗进行多头高接,培育当地用接穗。③利用优良品种苗。在肥水条件好的地块高密度栽植采穗圃(2米×1米),加强管理,采取重剪的方法培育接穗。也可在现有苗圃地留苗作采穗圃。

(3)采集方法　在休眠期采穗宜用手剪或高枝剪,忌用镰刀削。采集时剪口要平,注意剪口不要呈斜茬。采后根据穗条长短和粗细进行分级(弯曲的弓形穗条要单捆单放),每捆30～50根。打捆时穗条基部要对齐,先在基部捆一道,再在上部捆一道,然后剪去顶部过长、弯曲或不成熟的顶梢,再用蜡封住剪口,以防失水,最后用标签标明品种。夏季芽接用的接穗,从树上剪下后要立即去掉复叶,留2厘米左右长的叶柄,每20～30根打成1捆,标明品种。打捆时不要损伤叶柄幼嫩的表皮,打捆后立即用湿布包裹,或放入盛有清水的容器中,清水浸泡接穗根部2～3厘米。

2. 接穗贮藏与运输

(1)枝接接穗　枝接接穗采集后,可贮藏于地窖、窑洞、冷库,或在背阴处挖坑贮存。接穗按50根1捆,挂上标签,剪口封蜡。地窖、窑洞和贮存坑,可采取一层湿沙一层接穗层积贮藏,湿沙需紧密填充接穗缝隙,层积厚度不宜超过1.5米,上面覆盖20厘米厚的湿沙。贮藏温度不能超过 5℃,沙的湿度不能过大,也不能过小。沙的湿度小,接穗贮藏过程中易失水干枯,降低成活率;沙湿度过大,接穗贮藏过程中易霉烂。贮存坑可选在背阴高燥的地方,坑宽 1.5～2 米、深 0.8～1.2 米,长度按接穗的多少而定。接穗用量大或远途运输,需将接穗贮藏到冷库中,存放前将接穗封蜡,每 30～50 根 1 捆,10～20 捆打 1 包,接穗捆与捆之间用湿苔藓填充包裹,或用湿蛭石填充,冷库温度控制在 0℃～5℃。接穗运输前先打包,外包装用塑料布,车身底部铺塑料布,把打好包的接穗按品种分装,上盖帆布篷保温保湿。如果接穗从北方往南方运送,需提前几天;从南方往北运送可推迟几天。接穗装车后应尽快运送到嫁接目的地,以减少接穗损失,提高嫁接成活率。

(2)芽接接穗 由于生长季节气温高,芽接接穗采下后,应用湿布包裹,外包塑料薄膜,放入冷藏车内运送到嫁接地点,时间不要超过 2 天。没有冷藏车运输条件的,可将接穗用湿布包裹,里面填充苔藓或湿锯末等,外包塑料薄膜,运到嫁接地后及时打开薄膜,置于潮湿阴凉处,或埋入洁净的湿河沙中。接穗量少时,采集后将接穗底部放入盛有清水的容器中运输,可保持接穗生活力,保证嫁接成活率。

近年来,为了保持接穗新鲜,尽量减少接穗水分蒸发,提高嫁接成活率,多采用嫁接前封蜡处理。即把接穗按嫁接需要的长度剪成小段(一般每段 2～3 个芽),将剪口在熔化的石蜡液中迅速蘸上薄薄一层石蜡,冷却后放在阴凉处备用,效果很好。蜡封动作要快,接穗不可在蜡液中停留。蘸蜡前接穗先用清水冲洗一遍,除去尘土,摊开晾干后再蘸蜡。否则,接穗上有尘土,会影响蜡膜的附着力。石蜡液的温度以 90℃～95℃为宜,温度太高,容易烫伤芽;温度太低,挂蜡太厚,蜡层容易脱落。

（三）嫁接技术

核桃树嫁接方法根据嫁接时期不同，可分为生长期嫁接和休眠期嫁接；根据嫁接部位不同可分为高接、平接和低接；根据嫁接材料和方法不同，可分为枝接和芽接。

1. 大方块芽接　大方块芽接是目前核桃嫁接繁殖应用最多、嫁接成活率最高、嫁接速度最快、嫁接成本最低的方法。具体操作：先用锋利的嫁接钢刀在当年生绿枝接条上取芽，方法是先在接芽上方 2 厘米处横切一刀，再在接芽下方 2 厘米处横切一刀，然后在接芽一侧纵切一刀达上下两横切口处。用手将接芽剥离呈一长方形块，手指捏住接芽叶柄，在砧木高 20～30 厘米处选一光滑处，按照接芽长度和宽度切一长方形块并剥离，在右下角向下切 1 个火柴棍宽的放水道，将树皮撕开，把接芽与砧木切口对齐，用塑料薄膜单层将接芽连同切口完全包严。7～10 天接芽成活后将塑料薄膜顶破长出（图 4-4）。大方块芽接在 5 月底至 8 月中旬嫁接成活率高。5 月底至 6 月底嫁接的当年可萌发，应及时抹掉其他部位的萌芽，土壤肥沃、管理条件好的地块，嫁接苗可长至 1 米左右。7 月份以后嫁接的，一般不让萌发，以免幼芽生长量小，枝条发育不充实，越冬受冻害。当年萌发的嫁接苗，将砧木梢头剪除，嫁接部位以上留 2 条复叶，并剪去复叶的 1/2，接芽以下留 2～3 条复叶。待接芽萌发并长出 10～20 厘米时，将接芽上面保留枝及复叶一并剪除。进入 7 月份以后嫁接的核桃树，不剪除枝梢，接芽休眠不萌发，待翌年春季剪砧后接芽萌发成苗。

大方块芽接成活率与接穗的新鲜度、接芽部位、接穗生长状况、砧木生长状况和嫁接时的气温等有很大的关系。接穗采集当天嫁接成活率达 95％以上，第二天降至 80％～90％，第三天仅为 70％左右，第四天及以后成活率不足 50％。据试验，接穗采集后立即藏于湿河沙中，可保存 7 天以上，但嫁接成活率不足 80％。

芽片正面　护芽肉　芽片里面

6~7月份取当年生饱满芽

绑缚

贴芽

1

2

3

图 4-4　大方块芽接
1. 剪取接穗及剥取芽片　2. 砧木嵌贴芽片　3. 绑缚严密

夏季芽接最好是接穗随采随用,这样既可保证嫁接成活,又节省接穗。接穗的接芽部位不同,嫁接成活率也不同,接穗基部 1~2 个芽饱满度差,内含休眠物质较高,嫁接成活率低;基部第三个及以上的芽充实饱满,嫁接成活率高,萌发快,生长势强。7 月上中旬以后嫁接应选新生长的半木质化枝条作接穗,木质化程度过高或枝条过嫩均影响嫁接成活率。嫁接成活率还与气温关系密切,气温高于 32℃时不易成活。例如,2011 年 6 月上旬河南省洛阳地区最高气温达 36℃以上,此期嫁接的核桃树成活率不足 10%。嫁接成活率与接穗生长状况有很大的关系,接穗生长健壮,芽体充实饱满,接芽着生部位平滑,剥离容易,嫁接成活率高;接穗的接芽着生部位隆起,剥离的接芽呈凸起状态,嫁接时很难与砧木紧密相贴,产生空隙,难以成活。砧木生长状况也影响嫁接成活率,砧木生长旺盛,无病虫害,嫁接部位平滑,嫁接成活率高;否则,不易嫁接成活。嫁接时遇阴雨连绵,接芽容易霉烂。嫁接后突遇大雨,雨过天晴,只要接芽包扎严密,对成活率影响不大。

2. 插皮舌接 核桃插皮舌接主要应用于大树高接换优,嫁接速度快,成活率高。具体操作:先剪断或锯断砧木枝干并削平锯口,接穗削成长 6～8 厘米的大削面(注意刀口一开始就要向下切凹,并超过髓心,然后斜削,保证整个斜面较薄)。在砧木光滑处,由上至下削去老皮,其长 5～7 厘米、宽 1 厘米左右,露出皮层。削1 个楔形竹签,在砧木皮层与木质部之间用竹签自上向下垂直插入,使皮层与木质部剥离。也可以用手指捏开削面背后皮层,使之与木质部分离。拔出竹签,将接穗的木质部插入砧木削面的木质部与皮层之间,使接穗的皮层盖在砧木皮层的削面上,最后用塑料条绑紧接口(图 4-5)。此法应在砧木离皮时期时采用。生产中应注意嫁接前不要浇水,砧木应在嫁接前 3～5 天锯断放水,避免砧木伤流液过多影响嫁接成活率。

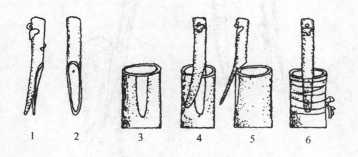

1　2　3　4　5　6

图 4-5　插皮舌接
1. 接穗侧面　2. 接穗削面　3. 砧木正面
4. 插入接穗　5. 插入接穗后的侧面　6. 绑缚

3. 腹接 腹接应在春季核桃砧木萌发初期进行,嫁接期为 1

周左右。具体操作:先用蜡封接穗,在接穗有顶芽的一侧下端先剪一长斜面,在长斜面的对面削一稍短的斜面,并使斜面两侧的棱一侧稍薄,一侧稍厚,接穗上留2个芽。在砧木上选光滑部位用刀切30°角的斜口,刀刃切入的一边应较长,刀刃退出的一边应较短,切口长5厘米左右,深度为砧木直径的1/3~2/5。切口过深夹力小易劈裂,切口太浅切口短与砧穗的接触面小。嫁接时用手轻轻推开砧木,使切口张开,然后将接穗插入。插入时接穗的长斜面向里,紧贴砧木木质部,并使接穗长斜面和砧木切口长的一侧皮层(形成层)对齐吻合。接好后,在接口部位之上3厘米处剪断砧木,用塑料条严密绑缚接口(图4-6)。此种嫁接方法可充分利用冬季修剪枝条作接穗,嫁接速度快,效率高,成活率达90%以上,苗木生长量大,而且不用剪砧、抹芽。

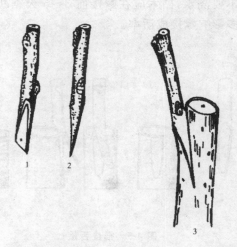

图 4-6 腹 接

1. 接穗正面　2. 接穗侧面　3. 插入接穗后

4. 室内枝接 核桃室内枝接是利用出圃的实生苗作砧木,在室内进行嫁接的方法。此法能有效地避免伤流液对嫁接成活的不良影响,并可人为地创造宜于砧穗愈合的条件,具有适宜嫁接期长,可实行机械化操作,成活率高且稳定等优点。该法在核桃整个休眠期均可进行,但以3~4月份为最适期。室内嫁接因所用砧木不同,可分为苗砧嫁接和子苗砧嫁接2种。

(1)苗砧嫁接 苗砧嫁接多采用舌接法,嫁接成活率高。但工序较复杂,育苗成本高,技术环节较难掌握,而且需要一定的设备条件。砧木用1~2年生实生苗(1年生苗为好),其根颈部直径1~2厘米,秋季出圃进行假植,嫁接时随用随取。一般在3月份以前嫁接,嫁接前10~15天,先将砧木和冷藏的接穗,在26℃~28℃条件下3~5天进行"催醒"。嫁接前将砧木根系稍加修剪,去掉劈裂根和过长根,于根颈以上8厘米处剪断砧干。选择与砧木苗粗细相当的接穗剪成12~14厘米长的小段(1~2个芽),将砧、穗分别削成3~5厘米长的光滑斜面,在削面由下往上1~3厘米处用芽接刀开一接舌,深2~3厘米。砧、穗削好后要立即插合,使各自的舌片接入对方的切口,双方削面紧密镶嵌,用塑料条或细麻绳绑紧,然后对接穗顶部进行蜡封(也可以在嫁接前蜡封)。将嫁接好的苗木按排呈35°~45°角斜放在苗床中进行愈合。苗床底层先放5~10厘米厚的湿锯末,每排苗之间也用湿锯末隔开,排放后上面再放1厘米厚的湿锯末。锯末要新鲜干净,其相对含水量为50%左右,并用50%甲基硫菌灵可湿性粉剂或50%百菌清可湿性粉剂800~1 000倍液喷洒消毒。苗床温度保持25℃~30℃,经10~15天后,将苗木放置于0℃~2℃条件下保存,待春季4~5月份栽植。为提高栽植成活率,栽植前苗木根系应蘸泥浆,栽植时接口与地面相平,每株堆土7~10厘米高,以利保湿。发芽后苗可自行出土,但土壤黏重时新芽不易破土,需助苗出土。苗木少时也可将嫁接苗用塑料膜卷成筒(或用塑料袋),里面放些湿锯末或湿土保湿,7～10天后打开筒的顶端,20天左右将筒撤掉,用湿土培好。也可使嫁接苗在湿床愈合后,让苗木在床内萌发展叶,逐步进行适应性锻炼,然后移栽到田间。苗砧嫁接法多用于稀有品种的繁殖,2009年河南省洛宁县林业局徐虎智采用该法成功完成了中国林业科学院繁殖核桃品种的嫁接任务(图4-7)。

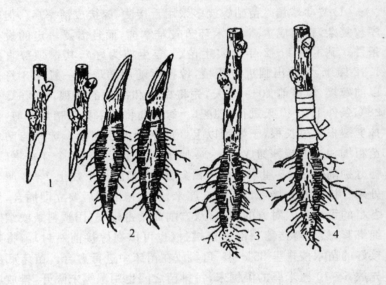

图4-7 苗砧嫁接
1.削接穗 2.削砧木 3.嫁接后接合状 4.绑缚

(2)子苗砧嫁接 子苗砧嫁接法的优点是嫁接效率高,育苗周期短,成本低。具体操作步骤如下:第一步培育砧木。选个大、成熟饱满的核桃坚果作种子,根据嫁接期的需要,分批进行催芽和播种。播种前做好苗床,也可用高25厘米、直径10厘米的塑料营养钵。营养土用2/3腐熟农家肥或腐殖质土、1/3蛭石配制。一般于 2 月中下旬将催芽的种子播入营养钵或苗床,播种时必须使核桃坚果缝合线同地面垂直,否则胚轴弯曲不便嫁接。当胚芽长至 5～10 厘米时即可嫁接。为保证砧木苗干茎粗度,应对子苗减少水分供应,实行"蹲苗"。也可在种子长出胚根后,浸蘸 250 毫克/千克 α-萘乙酸和吲哚丁酸混合液,然后放回苗床,覆土厚 3 厘米,可使胚轴粗度显著增加。第二步采集接穗。从优良品种(或优株)母树上采集生长充实健壮、无病虫害的 1 年生发育枝(结果母枝也可用作接穗)。接穗要求细而充实,髓心小,节间较短,直径以 1～1.5 厘米为宜,超过 2 厘米则不能使用。将接穗剪成 12 厘米左右长的枝段(上留 1～2 个饱满芽),并进行蜡封处理。第三步嫁接。子苗嫁接时期为 3 月份,以 3 月上中旬为适期。子苗砧嫁接多采用劈接法,当种苗生根发芽、将要展开第一片真叶时从苗床中取出,在子叶柄以上 1 厘米处切断,然后顺子叶叶柄沿胚轴中心向下切约 2 厘米长的切口。将接穗下端削成楔形,插入砧木接口,用塑料条或细麻皮绑缚(图 4-8)。嫁接时注意勿伤子叶叶柄,嫁接完成后将接口以下部分在 250 毫克/千克 α-萘乙酸溶液中浸蘸,可有效控制萌蘖并促进新根形成和生长。第四步愈合和栽植。先做苗床,在苗床底层铺 25～30 厘米厚的疏松肥沃土壤,苗床上搭拱形塑料棚(中间高 1.5 米左右)。将嫁接苗按株行距 15 厘米×25 厘米栽植,接口以上覆盖湿润蛭石(含水率为 40%～50%),愈合温度为 25℃～30℃,棚内空气相对湿度保持在 85% 以上,注意通风。经 15 天左右,接穗芽萌发,此时白天要揭棚通风,逐步增加光照,降低温度进行炼苗。30 天左右,苗木有 2～3 片复叶展开,室外日平均温度升至 10℃～15℃ 时,即可移栽到室外苗圃地,一般选阴天或傍晚进行。在良好的管理条件下,当年苗木可高达 40～60 厘米。此种苗木繁殖方法生产中应用较少,多用于急于扩繁的稀有品种。

此外,核桃苗木嫁接繁殖方法还有很多,如河南省洛阳地区有的果农采用超长倒贴带木质芽接、绿枝接、双舌接、切接、根接等。生产中，各地应遵循管理简便、节省成本、快速高效的原则选择适合的嫁接方法。

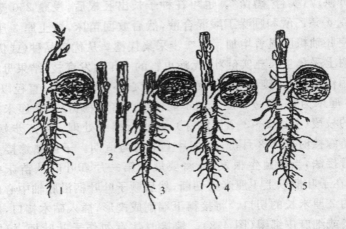

图 4-8 子苗砧嫁接

1. 子苗砧木 2. 削接穗 3. 切接口 4. 插入接穗 5. 绑缚

（四）影响核桃嫁接成活的主要因素

核桃是较难嫁接成活的树种，生产中多年来一直是嫁接成活率低而不稳。影响核桃嫁接成活的因素很多，而且比较复杂，目前仍未搞清楚哪个因素对嫁接成活率影响最大。在此简单介绍几个影响核桃嫁接成活的主要因素。

1. 砧、穗质量的影响 嫁接成活需要砧、穗双方分别产生愈伤组织，继而分化产生连接组织，最终形成新植株。因此，砧、穗双方均需有较强的生命力，如果其中一方失去生命力或生命力弱，则难以产生或仅产生很少的愈伤组织，其嫁接成活率就低。反之，如果砧、穗双方质量均好，生理功能强，代谢旺盛，则易产生大量愈伤组织,这样,即使嫁接技术稍差,也能获得较高的成活率。

嫁接用砧木以 2～4 年生的健壮且无病虫害的实生苗为好。砧苗物候期不同对嫁接成活率也有一定影响,砧木萌发阶段的成活率低,抽梢及展叶期则成活率高。砧木嫁接高度对成活率也有影响,研究表明,嫁接在实生砧 22.5 厘米高度时,成活率为74%～78.8%,30 厘米高度时成活率为 67.5%,15 厘米高度时成活率为 62.5%。此外,给砧木适量的供水,可提高芽接成活率。

接穗质量对嫁接成活率影响更大。接穗的质量可用粗细、充实程度和保鲜状况等指标综合衡量,其中接穗的保鲜状况(含水量)至关重要。据研究,当接穗枝条含水量低于 38.48%时(即失水率超过 11.75%),不能产生愈伤组织,这种枝条不宜用来做接穗。当然,并非枝条含水量越高对愈伤组织形成越有利。接穗的髓心大小对嫁接成活率也有重要影响,有试验表明,髓心率为 31%～40%时,嫁接成活率最高,当髓心率超过 50%时,嫁接成活率很低。此外,接穗的休眠程度对成活率也有一定影响,芽子未萌动的接穗成活率高,如接穗芽子已膨大或已萌发,由于接穗内部的水分和养分消耗较大,嫁接成活率会降低。

一般来说,同一株采穗母树上,春季生长的接穗充实健壮,木质化程度高,髓心小,嫁接成活率高;秋季生长的接穗则与之相反。在同一发育枝上,中下部枝段作接穗最好,顶部枝段作接穗质量差,一般不能使用。

2. 砧、穗亲和力的影响 嫁接亲和力是砧木和接穗双方能够正常连接并形成新的植株的能力,是确定优良穗、砧组合的基本依据。有的组合嫁接后,砧、穗双方虽能生长愈伤组织,但不能相互连接成新的植株;有的嫁接后短期内连接成活,但生长发育不良,或寿命很短,这均表明双方亲和力差。从我国目前常用的几种核桃砧木来看,核桃本砧、穗之间,铁核桃与泡核桃之间均属种内嫁接,亲和力均很强;而核桃与核桃楸是同属异种,核桃与枫杨是同科异属间嫁接,它们之间虽有一定的亲和力,但嫁接后常出现"小脚"现象(接口为上粗下细),或萌蘖丛生,成活后的保存率也很低,表现为后期亲和力较差。此外,同种砧木不同接穗品种组合其亲和力也有较大差异。

3. 伤流液的影响 核桃枝干受伤后易出现伤流液,尤其在休眠期表现极为明显,它是影响嫁接成活的重要因素。嫁接时伤流液过多,会造成嫁接口缺氧,抑制砧、穗接口处组织的呼吸作用,阻止愈伤组织形成。伤流液的多少受诸多环境因子制约,如湿度大、气温低、雨水多时,伤流量随之增加。同时,伤流液的多少也与核桃自身的物候期、树龄和生长势等有关,如休眠期伤流液多,则生长期伤流液少或没有。在同株树的不同部位伤流量也不同,枝条级次愈高(即离根系愈远),伤流液愈少。避免或减少伤流液的方法有断根和砍干、锯干放水,生产中可采取提前剪砧、留拉水枝、推迟嫁接时期等方法。但要完全避免伤流液对嫁接成活的不良影响则比较困难,这也是核桃室外嫁接成活率不稳定的主要原因之一。

4. 温度和湿度的影响 核桃愈伤组织形成的适宜温度为25℃～30℃,低于15℃时,愈伤组织不能形成;超过35℃时,会抑制愈伤组织的形成。湿度是愈伤组织形成的另一主要条件,砧木因其根系可吸收水分,通常容易形成愈伤组织;而接穗是离体的,只有在适宜的湿度条件下,才能保证愈伤组织的形成,尤其是接口周围的湿度更为重要。据研究表明,核桃只能在土壤含水量为14.1%～17.5%的条件下产生愈伤组织,而嫁接微环境(即接口周围)的相对湿度以70%～90%为宜。湿度过小会造成接穗失水干枯,过大则嫁接口通气不良,易窒息而死。

5. 嫁接时期和嫁接方法的影响 嫁接时期主要是通过温度、湿度及伤流量等因素而影响嫁接成活率。嫁接适期的选择非常重要,嫁接过早或过晚均不利于成活。过早因气温低,天气干燥多风,砧、穗生理活动弱,不易产生愈伤组织,加之伤流量大,嫁接成活率很低;过晚因气温升高,湿度降低,接穗易萌发,使接口失水变干,形成"假活"现象,接穗也易霉烂。

嫁接方法对成活率也有明显的影响(表 4-1),插皮舌接法成活率最高,贴接和劈接次之,腹接成活率很低。无论枝接还是芽接,一般砧、穗接触面积大的嫁接方法成活率较高。

表 4-1　不同嫁接方法的成活率　(%)

嫁接方法	嫁接时期			
	4月5日	4月12日	4月26日	平均值
插皮舌接	92.8	91.3	80.9	89.58
贴　接	95.1	88.6	74.0	80.65
劈　接	95.0	75.0	69.0	73.33
腹　接	62.2	44.9	56.1	47.43

(五)嫁接苗管理

核桃从嫁接到萌芽抽枝需 30～40 天,为保证嫁接苗健壮生长,应加强管理。

1. 谨防碰撞　刚接好的苗木接口不甚牢固,碰撞易造成接口错位或劈裂,田间作业要小心,勿碰伤苗木,同时要严禁其他人员进入苗圃地。

2. 除萌芽　嫁接后 20 天左右,砧木易萌发大量幼芽,应及时抹掉,以免影响接芽萌发和生长。除萌芽宜早不宜晚,以减少不必要的养分消耗。一般当接芽新梢长至 30 厘米以上时,砧芽很少再萌发。

3. 剪砧及复绑　芽接时砧木未剪或只剪去一部分,一般芽接后在接芽以上留 1～2 片复叶剪砧。如果嫁接后有可能降雨,可暂不剪砧,在接后 5～7 天剪留 2～3 片复叶,到接芽新梢长至 20 厘米以上时,再从接芽以上 2 厘米处剪除。此外,有试验表明,芽接

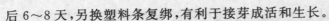

后 6～8 天,另换塑料条复绑,有利于接芽成活和生长。

4. 解除绑缚物 大树高接或枝接的苗木,因砧木未经移栽,生长量较大,可在新梢长至 30 厘米以上时及时解除绑缚物。室内枝接或芽接的苗木,生长量较小,绝大部分应在建园栽植时解绑,以防起苗和运输过程中接口劈裂。

5. 绑棍防风折 接芽萌发后生长迅速,嫩枝复叶多,遇降雨易遭风折。因此,必要时可在新梢长至 20 厘米时,在其一旁绑支棍,用绳将新梢和支棍按"∞"形绑结,起固定新梢和防止风折的作用。

6. 摘心 枝接和嫁接早的萌芽生长快,生长量大,尤其是高接换优的大树,接穗萌枝可长至 1.5 米以上,不但易风折,而且增加冬季修剪量。因此,在萌发的新梢长至 80 厘米左右时进行摘心,以增加分枝,促使主枝增粗,提高新梢木质化程度,提高抗寒和抗风能力。

7. 肥水管理和病虫害防治 核桃嫁接之后的 2 周内禁忌浇水施肥,当新梢长至 10 厘米以上时应及时追肥浇水,可结合浇水每 667 米² 追施尿素 20 千克。20～30 天后每 667 米² 再追施尿素 20 千克,进入 8 月份每 667 米² 追施三元复合肥 15～20 千克。土壤缺水应及时灌溉,生产中可视叶片萎蔫程度适时浇水。一般上午 10 时前、下午 5 时后叶片萎蔫,说明核桃苗缺水,应及时浇水。生产中追肥、浇水可与松土除草结合进行。为使苗木充实健壮,秋季应适当控制浇水和施氮肥,适当增施磷、钾肥。8 月中旬摘心,以增强木质化程度。此外,苗木在新梢生长期易遭食叶害虫危害,要及时检查,注意防治。

(六)苗木出圃与分级、贮运和假植

1. 苗木出圃与分级 苗木出圃要根据栽植计划进行,挖苗前几天应做好起苗准备,若土壤过于干燥,应充分浇水,以免挖苗时损伤过多根系,浇水后须待土壤稍疏松、干爽后挖苗。秋栽的苗木,应在新梢停止生长并已木质化、顶芽形成并开始落叶时进行挖苗。栽植前从苗圃地挖出,挖苗时保持苗木根系完整,尽量避免风吹日晒减少苗木损伤。起苗后按苗木质量标准分级,核桃苗粗壮,一般每捆 20～30 株,分清品种挂上标签。远距离运输的苗木要进行保湿保暖包装,根系蘸泥浆。春季栽植的苗木挖苗前 1 周浇水,挖苗后及时运输栽植,这是因为春季升温快,空气干燥,苗木易失水。苗木分级的目的是保证苗木的质量和规格,提高建园时的栽植成活率和整齐度。核桃嫁接苗木一般要求接合牢固,愈合良好,接口上下的苗茎粗度要一致;苗茎通直,充分木质化,无冻害风干、机械损伤及病虫危害;苗根的劈裂部分粗度在 0.3 厘米以上时要剪除。根据国家标准,核桃嫁接苗的质量等级如表 4-2 所示。

表 4-2　核桃嫁接苗的质量等级

项　目	一　级	二　级
苗高(厘米)	＞60	30～60
基茎(厘米)	＞1.2	1～1.2
主根保留长度(厘米)	＞20	15～20
侧根条数(根)	＞15	＞15

2. 苗木贮运　根据运输要求及苗木大小,嫁接苗按 25 或 30 株打成 1 捆。不同品种分别打捆,挂上标签,注明品种、苗龄、等级、数量等,根系蘸泥浆,然后装入湿蒲包内。包装外面再挂 1 个相同的标签,以防苗木品种混杂。运输过程中,要注意防止日晒、风吹和冻害,并注意保湿和防霉。到达目的地后,立即解捆假植。苗木运输最好在晚秋或早春气温较低时进行,一般从南方向北方运输需提早进行,从北方向南方运输可适当推迟,以防苗木提早发芽。外运的苗木要经过检疫,以防病虫害蔓延。各地应根据本地区的情况制定对策,对流行性疫病,严格控制和防治,做到疫区不

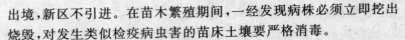

出境,新区不引进。在苗木繁殖期间,一经发现病株必须立即挖出烧毁,对发生类似检疫病虫害的苗床土壤要严格消毒。

3. 苗木假植 起苗后如不能立即外运或栽植,必须进行假植。假植分为临时(短期)假植和越冬(长期)假植2种。前者一般不超过10天,只用湿土埋严根系即可,干燥时及时喷水;后者则需细致进行,可选地势高燥、排水良好、交通方便、不易受牲畜危害的地方挖沟假植。沟的方向应与主风向垂直,沟深约1米、宽约1.5米,长度依苗木数量而定。假植时,先在沟的一头垫些松土,将苗木呈30°～45°角斜排,埋土露梢,然后再放第二排苗,依次排放,使各排苗呈错位排列。假植时若沟内土壤干燥应喷水,假植完毕后,用土埋住苗顶。土壤结冻前,将土层加厚至30～40厘米,春暖以后及时检查,以防霉烂。在温暖的地区可以将苗木散开直接栽植在假植沟内,浇透水,再埋土厚约50厘米即可越冬。

第五章 核桃建园技术

一、嫁接苗建园

经济条件较好的地区,用培育好的良种嫁接苗栽植建核桃园,做到树龄整齐,品种搭配和布局合理,株行距规格统一,便于管理和实现集约化经营,是核桃优质高效生产的主要途径。

(一)园址选择

核桃树为深根性树种,喜土层深厚、土壤疏松肥沃、光照良好,较耐旱抗寒,对不良环境适应性较强。因此,我国北方地区可以充分利用大面积的浅山丘陵地和黄土区栽植核桃树,作为当地农村发展经济的重要途径。核桃园应选择在背风向阳、地形开阔、地势平坦的地方,最好是土层深厚、土质疏松的壤土。一般要求坡度25°以下,土层厚度大于 1 米,pH 值为 7～7.5,地下水位 2 米以下。

核桃树开花较早,新梢、花果易受寒流及晚霜影响而发生冻害。在土层薄、干旱、贫瘠的土壤栽植核桃树,生长不良易出现"焦梢",而且病虫害严重,产量和质量均较低。盆地、密闭的谷地或山坡底部空气流通差,冷空气易下沉集结,冻害频率高,不宜栽植核桃树。在迎风坡面,特别是在迎风口栽植核桃树,不仅新梢、花果易受冻害,而且授粉受精不良,坐果率低。新建核桃园还应避开老果园地,以免发生再植病,如果避不开,则应采取土壤深翻、清除残根、客土晾坑、增施有机肥等措施,并注意不能在原定植穴上栽植。核桃多年连作,易感染根结线虫病和根病痕线虫病。在柳树、杨树、槐树生长过的土壤上栽植核桃树，易感染根腐病。优质核桃园还应远离工矿污染源，具备良好的水利条件，做到旱能浇涝能排。核桃果实耐贮运，尤其适合在交通不便的边远山区发展。

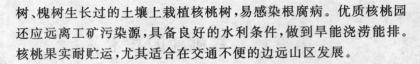

（二）核桃园规划

建立核桃生产基地，园址选定后，应进行全面规划，设置栽植小区及道路、防护林和水利排灌系统等。

1. 栽植小区划分 为便于生产和管理，应先将核桃园划分成若干个作业小区，其形状、大小可依地形地貌，结合防护林、道路和水利系统的设置而确定。一般山区的栽植小区面积为 2～3.3 公顷，开阔地栽植小区面积为 6.7 公顷左右。长方形的小区便于管理，小区的长边要与等高线平行。坡地、梯田应以坡、沟为小区单位，坡面过大时，应再划分成若干梯田小区。

2. 道路建设 山地核桃园的道路设置非常重要，但生产中往往被忽视，造成交通运输不便。主干道路要贯穿全园，与村庄及公路连通，宽 6～8 米。梯田小区间的支路与主干道相通，一般设在梯田小区的边缘，宽 3～4 米，可作为小区的分界线。作业道与支路相通，是小区内从事生产活动的要道，宽 2～3 米。

3. 营造防护林

（1）防护林的作用 我国北方地区春季多风，而且风速大。而春季正值核桃萌芽和开花的季节，雌花盛开期遇大风，柱头易风干失水或被尘土糊住，不利于受精，从而影响坐果，降低产量。设置防护林可以改善核桃园生态条件，保护核桃树正常生长发育和结果。设置防护林的作用：一是降低风速，减少风害。微风和小风可以促进空气流动，有利于光合作用和蒸腾作用，促进根系吸收，清除和减少辐射及霜冻的威胁，还可以辅助果树授粉。但是，大风及干热风易使树冠偏斜，水分失调，叶片萎蔫，采前果实大量脱落，造成减产或绝收。建立果园防护林，可以降低风速，减少风害对果树的威胁。据新疆林业科学研究院调查,防护林可使果园风速降低39%～48%。二是调节温度和湿度。研究表明,林网内最高温度比对照平均低 0.7℃。有防护林保护,冬春季可提高地温 0.7℃～3.5℃,夏季可降低气温 0.7℃～2℃。此外,防护林还有提高空气湿度和保持土壤含水量的效应。三是减轻冻害,提高坐果率。由于防护林冬春有增温效应,故对容易发生冻害的果园有明显的保护作用。山地果园和坡地果园建立防护林,还有保持水土、减少地表径流、防止冲刷的作用。

(2)**防护林的类型** 近年来,有些地区在核桃园防护林设计中,本着以园养园,增加效益的原则,在树种配置中,除一般林木树种外,还增加了适合当地的果树、蜜源、绿肥、建材、筐材、花卉、园林等树种,达到了既能防风固沙、改善果园气候,又能增加收益的目的。防护林可分为不透风林带与透风林带,不透风林带又分为墙式林带和拱式林带(图 5-1)。墙式林带是由数行或多行树组成的不透风林带,这种林带风可越顶而过,并很快下窜入园,防护地段较小。拱式林带是中央高、两侧渐低,呈拱形的林带,防护距离较远。透风林带排气良好,在减少果园水分流失方面不如不透风林带。规划果园时,主林带多用拱式不透风林带,区间林带多用2～4 行透风林带。防护林的防风效果主要依林带所在地势、林带高度及密度等不同而异。地势高、树体高,防护距离长,防护林有效范围:背风面为林带高度的 25～35 倍,降低风速效果最好的距离是林带的 10～15 倍处;迎风面为林带高度的 5 倍。

(3)**防护林树种选择** 用于防护林的树种应具备的条件:①对当地自然环境有较强的适应能力。②主要树种具备树冠大、生长快、寿命长的特点,以利于较早地起到防风作用。③对核桃树生长无不良影响。④不应是核桃树病害的中间寄主。⑤树冠紧密、直立,对邻近核桃树影响较小,根深不易风折。在风大的地区,应选择枝叶茂密、较抗风的树种。生产中应尽量选择经济价值较高的树种,如蜜源、用材、绿化等。一种树难以兼备上述各个条件,可以选择多个树种,相互搭配,达到防风护林的效果。防护林常用树种有杨树、柳树、泡桐、白蜡、银杏、苦楝、山杏、柿树、水杉、雪松、侧柏、油松、木瓜、海棠、樱花、皂荚、枫杨、栾树、法桐、香椿、楸树、辛夷、玉兰、女贞、石楠、沙梨、紫穗槐、酸枣、红叶李、玫瑰等。

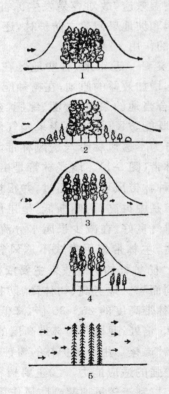

图 5-1 防风林带的类型

1. 墙式林带 2. 拱式林带 3. 上部紧密,下部透风林带

4. 上部紧密,下部半透风林带 5. 上下呈网眼式透风林带

（4）防护林营造　①主林带采用乔灌混合配置，中间栽植乔木树种，两侧栽植灌木树种。中间栽植高大的速生乔木，株行距按1米×1米或1米×2米，树长大后隔株间伐，一般栽植3～5行，风大的地区栽植8～10行。在速生乔木两侧各栽植2～3行生长较慢的乔木，株行距按1米×1米或1米×2米。最外侧两边分别栽植灌木林带。②区间林带主要是防护每一小区的果树，应选择速生、枝叶茂密的树种，如白蜡、女贞等。

4. 排灌系统　为促进核桃树生长和结果，核桃园要建设水利排灌系统，主要包括水源、水渠、排水沟和排灌机械设备。山区丘陵核桃园的灌溉系统，应设置输水和配水设施，建筑引水渠和灌溉渠。水渠位置要高，尽可能与小区的边缘、道路、防护林相结合。山地核桃园的灌溉渠应设在小区的上坡或梯田内侧，如果山地坡度大，雨季水流急，核桃园要挖排水沟。山区丘陵地区打井困难，要充分利用河流、溪水和蓄集降水作灌溉水源。平地核桃园可用井水作灌溉水源，灌水渠的布局可与道路、防护林结合，排水沟可直通河流、山沟。

5. 山地核桃园水土保持　核桃园多建立在山区丘陵地，水土保持任务繁重意义深远。

（1）水土保持的内涵　水土流失是地表径流对土壤侵蚀的结果，土壤侵蚀分为面蚀和沟蚀两种类型。核桃园发生面蚀和沟蚀造成土壤质地恶化，表土层中土粒减少，含石量相对增加，水分和养分下降，施肥和灌溉的效果短暂，而且土质坚硬，耕作困难。土壤侵蚀，果树根系生长受到抑制，枝条生长量小，叶片小，容易出现"焦梢"，产量和质量下降；在根部裸露的情况下，果树寿命缩短，严重时导致死亡。水土流失的多少，取决于土壤冲刷速率的大小。冲刷速率大小与地形、降雨量、土壤、植被及耕作方式有关。山地核桃园坡度大，冲刷速率自然也大。坡面平整程度与坡面冲刷力度密切相关，坡面不平，降雨时容易在凹处形成沟蚀，在凸起处形成片蚀。坡面长，集雨面大，自上而下形成的径流量大，土壤侵蚀严重，易形成冲刷沟。在山坡地修筑梯田或撩壕，防止和减少水土流失，主要是缩小了集雨面积，减少了地表径流途径和径流量。北方地区降雨多集中在7～9月份，降雨量占到全年降雨量的半数以上。此期降雨量大，气温高，杂草生长旺盛，果农中耕除草，大片表层土壤被松动，在雨水冲刷下，很容易造成径流和大片表土被剥蚀，水土流失严重，出现片蚀和沟蚀。山地土层薄，地表坚实，降雨后渗透量小，地表径流量大，水土流失量大。疏松的土壤，在降雨强度小的情况下，雨水渗入土壤中，不出现径流；遇强降雨时，土壤持水量饱和，多余的水造成地表径流，水土流失。多数核桃园采取土壤清耕管理，行间植被少，对强降雨冲刷阻止能力弱，地上植株和地下根系吸水量少，土壤侵蚀严重。推广果园生草技术，不但增加了土壤中的有机质，而且可保持水土，减少地表径流强度，减轻水土流失。核桃园耕作时，横向水平耕作，可切断坡面，拦蓄径流，减少冲刷；纵向耕作常造成严重沟蚀。在坡地果园，沿等高线开挖竹节沟、蓄水沟、果园覆草等措施，都可明显减少水土流失。

（2）山地核桃园水土保持工程　山地核桃园片蚀和沟蚀现象普遍发生，发展山地核桃园应在建园的初期，规划和兴建水土保持工程，减少降雨或干旱对核桃树造成危害，减少地表径流和水土流失，为核桃树生长发育创造良好的自然环境。

①等高线植树　按等高线在山地坡面上横向栽植核桃树，利于横向耕作和自流灌溉，可减少降雨冲刷。在坡度大的核桃园，尤其是大型核桃园，建园时按等高线栽植规划，成园后方便土壤耕作和机械化作业。按等高线栽植的核桃园，实现了果园沿等高线横向耕作的作业方式，可减少果园片状剥蚀1/3～1/2，降雨量小或降雨强度小的情况下不易出现径流，暴雨或降雨强度大时可明显减少地表径流，保持水土。

②水平梯田　在坡地上，沿等高线修成的田面水平和埂坎均

整成台阶式田块,叫水平梯田。修建水平梯田是保水、保肥、保土的有效方法,是治理坡地、防止水土流失的根本措施,也是实现山地果园水利化和机械化的基本建设。水平梯田按梯田壁所用材料不同,分为石壁梯田和土壁梯田。修筑梯田时,梯田壁应稍向内倾斜,石壁梯田石壁与地面呈约75°角倾斜,土壁梯田的土壁与地面呈50°～60°角倾斜。垒石壁时基部底石要大,里外交错,条石平放,片石斜插,圆石垒成"品"字形,石块相互压茬。石缝要错开嵌实咬紧,小石填缝,大石压顶;土壁应平滑内倾。壁顶高出土面,筑成梯田埂。修筑梯田时,随梯田壁增高,以梯田面中轴线为准,在中轴线上侧取土填到下侧处,保持梯田面水平,一般情况下不需从外面取土。梯田面的宽度和梯田壁的高度,视坡度大小、土层深度、栽植距离、管理方便等情况而定。坡度缓,梯田面可做宽些,梯田壁可做低些;反之,梯田面窄,梯田壁高。在条件允许的情况下,应尽可能把梯田面做宽,既利于核桃树生长结果,又方便管理和机械化作业。梯田面平整后,从内沿挖一条排水沟,排水沟按0.3%～0.5%的比降,将积水导入总排水沟内。在总排水沟上,应每隔150～200米修建一座蓄水池。蓄水池的大小可根据流水量和需要而定,一般容积为30～50米³。将排水沟挖出的土堆到梯田面外沿,修筑梯田埂,一般田埂宽约40厘米、高15～20厘米。至此,便修成了外高里低(外撅嘴、内流水)的水平梯田(图5-2)。核桃树应栽植在距梯田面外沿约1/3田面的地方,与外沿距离要大于2米。

③撩壕 在坡面上,按等高线挖成等高沟,把挖出的土在沟的外侧堆成土埂,这就是撩壕。在壕的外侧栽植核桃树,叫撩壕栽植。修筑撩壕是坡地果园水土保持的有效途径之一。撩壕分为通壕和小坝壕,通壕的沟底呈水平式,壕内有水时,能均匀地分布在沟内,水流速度缓慢,有利于保持水土。但水量过大时,不易排出,尤其不按等高线开沟,或沟底凹凸不平,低洼处积水严重,高凸处

无水可用。遇暴雨时撩壕易被冲毁，果树根系供水不均匀，造成树体大小有差异，果园树相不整齐，影响总产量。通壕适用于地势缓、坡面整齐的山坡上采用。小坝壕与通壕相似，不同点是沟底有一定比降（0.3%～0.5%）。在沟中每隔8～10米做一小坝，用以挡水和减低水流速度。小坝壕比通壕更利于保持雨水，当降水少时，水完全保持在沟内；水多时，溢出小坝，朝低处缓缓流向。小坝壕适用于坡度大，水流急，果树栽植比较整齐的山坡核桃园。

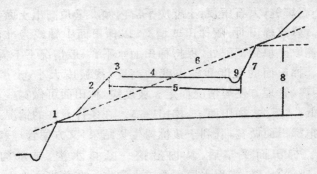

图 5-2　梯田断面图

1. 壁间　2. 梯田壁　3. 梯田埂　4. 梯田面
5. 梯田面宽　6. 原坡面　7. 削壁　8. 梯田高　9. 背沟

　　④鱼鳞坑　鱼鳞坑是山地核桃园普遍采用的比较简易的水土保持工程，对山地果园有一定程度的水土保持作用。鱼鳞坑修筑的大小要根据树龄而定，3年生以下幼树要求坑长约1.5米、宽约1米、深20～30厘米，之后随树龄增大，结合挖施肥沟和土壤垦覆，逐年扩大。10年生树龄，鱼鳞坑的长度要达到3米以上。修筑鱼鳞坑时，坑面要稍向内倾斜，便于蓄水。沿坑的外面修一条土埂，土埂高于坑面15～20厘米，坑面土壤保持疏松，起到蓄水和防止水土流失的作用。鱼鳞坑在截流保水方面作用比较小，适用于缓坡。在陡坡或集中暴雨的情况下，常常坑满外溢，在坑沿的两侧

容易造成冲刷沟,而且在两坑之间的坡面上还存在水土流失现象。但是,由于鱼鳞坑水土保持工程造价低,应用灵活,很受果农的欢迎。

⑤灌木串带 在核桃园内,每隔3~4行核桃树密植1个灌木带,可以起到截断坡面径流、防止雨水冲刷和拦淤作用。灌木串带不仅有利于水土保持,还可以有效利用土地,增加收入。设置灌木带的树种要求速生、根系发达、枝叶繁茂、收益快,可栽植经济价值比较高的中药材或经济树种,如连翘、山茱萸、金银花、接骨木、花椒等。

⑥谷坊 山地核桃园中大小冲刷沟应及早治理,否则易造成沟蚀,水土流失严重,影响整个果园生产。治理冲刷沟最简单有效的措施是修筑谷坊,即在沟中修筑土坝或石坝,拦截泥水,逐年将沟淤平。石谷坊比较坚固,不易被泥水冲垮,但修筑成本高。修筑时将沟底和沟壁挖成槽,然后用石块砌坝。谷坊的断面应下底宽,上面窄,呈梯形。修筑时可以用石块干砌,也可以用石灰水泥勾缝筑砌。石谷坊要在坝的中间留一个出水口,使降雨后多余的水从出水口流出,以免冲垮沟帮。修土谷坊最好用湿土夯实,为使谷坊牢固,可在上面种植紫穗槐、柳树、草等。为了防止沟蚀,可在沟坡里种植紫穗槐、连翘、迎春花、金银花等植被,以减轻沟坡径流和沟蚀。

6. 栽 植

(1)栽植前土壤改良 栽植前对不同类型的土壤采取相应的改良措施,改善土壤物理结构和化学性质,可以提高核桃树栽植成活率,促进核桃树生长发育,早结果和丰产稳产。山地核桃园的特点是地势不平,土层薄,沙石多,水土流失较重。土壤改良的重点是深翻熟化,加厚土层,提高土壤肥力。一般深翻60~100厘米,深翻时将土杂肥或杂草、秸秆填入底层,填土时先填表土,后填底土;沙土地改良的重点是提高保水保肥力,改善大风扬沙和土壤的物理结构。有条件的地区以淤压沙,种植绿肥或覆盖秸草。结合施肥每年扩充树穴,填入黏土和圈肥与土杂肥的混合物,改善土壤性质;盐碱地改良的重点是降低土壤盐碱含量,可以采取修筑台田、挖排水沟、增施有机肥、种植绿肥、以淤压沙等措施。

(2)苗木选择　准备苗木是完成果园建设的一项很重要工作,不仅需要掌握所需苗木的来源、数量,更重要的是应保证苗木质量。苗木质量除要求品种优良纯正外,还要求苗木主根发达,侧根完整,无病虫害,分枝力强,容易形成花芽,抗逆性强。一般以株高1米以上、干径不小于1.5厘米、须根较多的2~3年生壮苗为最佳。如有条件,最好就地育苗,就地栽植。若需外购苗木应按苗木运输要求进行。

(3)整地施肥　一般整地挖穴规格为1米×1米×1米,定植穴挖好以后,穴底可填入粉碎的秸秆或青草10千克,然后将表土与粪肥30~50千克混合填入坑底,将下层土与磷肥2~3千克混合填入坑的中部(图5-3)。挖穴整地最好在8~9月份进行,这是因为此期整地有大量的秸秆、青草可以回填,而且气温较高有利回填物的腐烂。整地时间最迟应在年前完成。

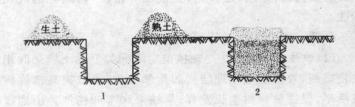

图5-3　培肥栽植穴
1. 挖坑　2. 培肥

（4）栽植方式

①林网式栽培　林网式栽培是指在农田或田边、地埂等处，采用小密度栽培核桃树，林中长期间作农作物，也被称为农林间作。林网式栽培具有保护农田、增加农作物产量的作用，属于农田防护林的组成部分。在对农作物管理时，间接起到管理核桃树的效果，便于农林双丰收，既解决了群众的粮食问题，又可以增加经济收入。实践证明，这种种植方式比单纯种植农作物收益高。林木在农田中的配置方式各地有所不同，大体上可分为 3 种，一是采用大行距，正常株距配置。二是采用带状配置，带间有较大距离。三是株行距都加大，即所谓满天星式栽培。林网式栽培密度一般在每公顷 150 株以下。

林网式栽培根据栽培地区的地貌，可分为平地林网和山地林网。平地林网是平川地区林网式栽培，多采用单行种植，行距为 12～30 米，株距为各树种的正常距离，行的走向为南北方向，树体应控制在尽可能不影响农作物生长的高度。山地林网又分为梯田和坡地两种，梯田沿田埂（梯壁）单行种植林木，行距灵活掌握，基本保持与平地相同，田面过宽时可在田中间加行，过窄时可相隔一个梯田；坡地沿等高线种植，可以是单行也可呈带状。

②普通园片式栽培　在确定了栽植密度的前提下，可结合当地自然条件和核桃树的生物学特性，采用以下普通园片式栽植方式（图 5-4）。

第一，长方形栽植。这是我国广泛应用的一种栽植方式，特点是行距大于株距，通风透光良好，便于机械化管理和采收。

$$栽植株数＝栽植面积/（行距×株距）$$

第二，正方形栽植。这种栽植方式的特点是株距和行距相等，通风透光良好，管理方便。但若密植，树冠易郁闭，光照较差，间作不方便，应用较少。

$$栽植株数＝栽植面积/（栽植距离）^2$$

第三，三角形栽植。三角形栽植是株距大于行距，2行植株之间互相错开呈三角形排列；俗称"错窝子"或梅花形。这种方式可提高单位面积上的株数，比正方形多栽约11.6%的植株。但是由于行距小，不便管理和机械化作业，应用较少。

$$栽植行数＝栽植面积/（栽植距离）^2×0.86$$

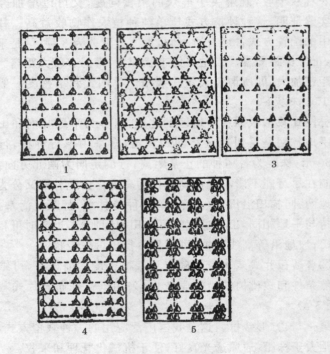

图5-4 栽植方式

1. 正方形栽植 2. 三角形栽植 3. 长方形栽植 4. 双行栽植 5. 丛植

第四，带状栽植。带状栽植即宽窄行栽植。带内由较窄行距的2～4行树组成，实行行距较小的长方形栽植。两带之间的宽行距(带距)为带内小行距的 2～4 倍,具体宽度视通过机械的幅宽及带间土地利用需要而定。带内较密,可增强果树群体的抗逆性(如防风、抗旱等)。如带距过宽,则应减少单位面积内的栽植株数。

第五,等高栽植。适用于坡地和修筑有梯田或撩壕的果园,实际上是长方形栽植在坡地果园中的应用。在计算株数时除照下式计算之外,还要注意"插入行"与"断行"的变化。

$$栽植株数 = 栽植面积 / (株距 \times 行距)$$

③矮密栽培　所谓矮密栽培,就是利用矮化树种和品种以及矮化技术,使树体矮小紧凑,合理地增加单位面积的种植密度,以达到早实、丰产、优质、低耗、高效的目的。矮密栽培是世界经济林发展的趋势,近年来发展极为迅速。其优点:一是早收益、早丰产。二是产量高、质量好。三是可充分利用土地和光能。四是便于树体管理和采收。五是更新品种容易,恢复产量快。但矮密栽培对环境条件和栽培技术要求较高,适用于土壤肥沃、理化性质良好、有灌溉条件的地方建园。

矮密栽培分为计划性密植和矮化性密植 2 种。计划性密植,也称变化性密植。即初植时在普通园片栽培密度的基础上,在株间和行间加密,增加 1～3 倍数量的临时植株。采取措施,加强管理,使其尽早收益,在树冠相互交接前分年度间移临时植株,逐步达到永久密度。如早实核桃,为了提高早期产量,初植密度可加大到 3 米 × 4 米,以后逐渐隔行隔株间移成 6 米 × 8 米;矮化性密植,是指采用早实品种或矮化技术培养小冠树形,从而达到密植的目的。矮化性密植的密度因树种、品种、立地条件及树形不同有很大差异,从每公顷几百株至数千株不等。树形主要有小冠疏层形、纺锤形、圆柱形等。

(5)栽植密度　核桃树的栽培方式应根据立地条件、栽植品种和管理水平确定。目前我国核桃栽培方式基本上有两种,一种是以果粮间作形式为主的大分散、小集中的分散栽植。另一种是生产园式的集中栽植。分散栽植可因地制宜,适地适树,粗放管理。集中栽植则宜统一规划,集中强化管理。栽植密度以能够获得高产、稳产、优质,且便于管理为原则。一般土层深厚、土质良好、肥力较高的地区,发展晚实型核桃时,株行距应大些,可选 6 米×8 米或 8 米×9 米的密度;土层较薄、土质较差、肥力较低的山地,株行距应小些,可选 5 米×6 米或 6 米×7 米的密度。对栽植于耕地田埂、坝堰,以种植作物为主,实行果粮间作的,株行距应加大至 7 米×14 米或 7 米×21 米。山地栽植则以梯田宽度为准,一般一个台面 1 行,台面大于 10 米时,可栽 2 行,株距一般 5 米×8 米。早实核桃因结果早,树体较小,可采用 3 米×5 米~5 米×6 米的密植形式,也可采用 3 米×3 米或 4 米×4 米的计划密植形式,当树冠郁闭光照不良时,可有计划地间伐成 6 米×6 米或 8 米×8 米。

(6)栽植时期 核桃栽植时期分春栽和秋栽两种。北方春旱地区,核桃根系伤口愈合较慢,发根较晚,以秋栽较好。秋栽树萌芽早,生长健壮,但应注意幼树冬季防寒。秋栽期从果树落叶以后到土壤结冻以前(即 10~11 月份)均可。冬季气温较低、保墒良好、冻土层很深,而且多风的地区,为防止抽条和冻害,宜于春栽。生产中应注意春栽宜早不宜迟,否则会因墒情不良影响缓苗。栽后应视墒情适当灌水。

(7)授粉品种搭配 由于核桃具有雌雄异熟、风媒传粉、有效传粉距离短及品种间坐果率差异较大等特点,建园时最好选用2~3个能够互相提供授粉机会的核桃品种,以保证良好的授粉条件。主栽品种与授粉品种的比例为5~8∶1,为方便管理应隔行配置。要求授粉品种与主栽品种同时开花,能产生大量发芽率高、亲和力强的花粉,而且能与主栽品种相互授粉(表5-1)。

表 5-1　核桃主栽品种与授粉品种配置

主栽品种	授粉品种
薄壳香,晋丰,辽核 1 号,新早丰,温 185,薄丰,西洛 1 号,西洛 2 号,秦核	温 185,阿扎 343,京 861
京试 6 号,鲁光,中林 3 号,中林 5 号,阿扎 343	晋丰,薄壳香,薄丰,晋薄 2 号
晋龙 1 号,晋龙 2 号,晋薄 2 号,西扶 1 号,香玲,西林 3 号	京 861,阿扎 343,鲁光,中林 5 号
中林 1 号	辽核 1 号,中林 3 号,辽核 4 号

（8）栽植方法及注意事项　栽植前将苗木的伤根及烂根剪除,然后放在水中浸泡半天,或用泥浆蘸根,使根系吸足水分,以利成活。在挖好的坑中部打窝,窝的大小视栽植苗而定。定植时扶正苗、舒展根系,分层填土踏实,使根系分布均匀,培土到与地面相平,全面踏实后,打出树盘,充分灌水,待水渗下后再用细土封盖,培土面应高出地平面约 20 厘米。

栽植深度应以苗木土痕处和地面相平为好。有些地方在栽植时由于坑太大、浇水太多,苗木下陷很深,苗木栽后只露少部分"头"。这样的栽法,由于根系埋得太深,土壤温度低、氧气少,苗木生长极慢,严重的会将苗木闷死。

（9）苗木定植后的管理　①定植后浇透水。核桃苗第一遍水要浇透,使整个树坑全部渗透水,避免坑底有干土。待水完全渗透后及时在树坑内覆盖一层干土,以减缓水分蒸发。②浇透水后用 80～100 厘米见方的地膜覆盖树盘,提高地温促进根系生长,同时还可防止水分蒸发。③定植后及时定干。栽植后大苗在距离地面 80～90 厘米处定干,小苗看芽饱满情况定干,不够定干高度的小苗留 1～2 个饱满芽定干。④定干后要用调和漆封住修剪伤口,防止伤口失水。⑤核桃苗发芽时要注意保护新芽,防止食叶害虫的危害。⑥及时除萌。核桃苗发芽后,应及时将嫁接口以下的萌蘖去掉,定好干的树苗整形带以下的萌芽也应去掉或摘心。除萌早的,不用摘心,除萌晚的留 2～3 片叶摘心。定植当年应尽量增加枝叶量,以利于地上部和根系的发育。除萌早的树苗,可以使自身积累的营养用于留下芽苗的生长,有利于新梢生长得更好。⑦及时补浇第二次水。定植后根系受伤严重,树苗自身贮存水分不足,因此春栽的应在定植 15～20 天后,补浇第二次水。若已覆盖地膜或埋土堆,可推迟至 30 天左右补浇第二次水。生产中应根据苗情补水,以保证苗木成活和正常生长。⑧待新梢长至 15～20 厘米时,结合浇第三水进行追肥,之后每隔 15～20 天追肥 1 次,每次每株追施尿素 50 克,连续追施 3 次。若发现叶片有被虫子食害的痕迹,应及时喷洒 5％吡虫林可湿性粉剂 2 000 倍液,或 2％阿维菌素乳油 2 000 倍液防治。结合喷药每隔 7～10 天喷 1 次 0.2％～0.3％尿素溶液。

二、实生苗建园

核桃实生苗建园,是在选定的园址上,经过规划、整地、挖穴或肥培树穴,先栽植核桃实生苗,成活后再嫁接成核桃园。实生苗建园适合经济条件差、荒山荒坡和寒冷地区应用。前些年,由于核桃苗价格高,一些贫困山区大面积栽植实生核桃苗,既省去了购买嫁接核桃苗的资金,缩短了核桃育苗时间,又提高了核桃栽植成活率,加快了核桃产业的发展速度。具体做法:秋季在规划的核桃园定植点栽植核桃实生苗,栽植后浇透水,培 30 厘米高的土堆越冬。翌年春季将土堆扒开,定干、浇水保活,6 月份新梢生长量达 50～60 厘米时进行芽接。也可在实生苗生长 2～3 年后进行枝接换头。这种建园方式节约成本,但成园较慢,增加了管理程序和用工。

三、坐地苗建园

在整理好的栽植坑内直接播种核桃种子,先培育核桃实生苗,再嫁接成优良核桃品种树。这种建园方式可以省去育苗环节,而且核桃树主根发达,根系发育好,适用于经济条件差、干旱缺水地区和造林困难的地块。直播地的条件一般比较差,播种前核桃种子一定要催芽,播种时浇透底水,保证出苗整齐和生长旺盛。直播的核桃种子易遭鼠兽盗食,幼苗易受金龟子等害虫危害,加上生长得比较分散,嫁接、管理难度大。坐地苗建园要注意以下几个环节。

第一,坐地苗建园应提前1年整地、挖坑、培肥,并注意选择鼠兽害轻的地方建园,或采取防鼠兽措施。

第二,播种时间以春季最好,秋季播种的管理时间长,特别易遭鼠兽危害,造成缺苗。秋季播种最好是带绿皮播种,可趁秋末降雨时播种,以减少浇底水环节。

第三,播种方法是在提前整好的树坑内挖10~12厘米深的浅坑,先浇1碗水,待水渗下后每坑播2~3粒催过芽的种子。注意种子要分散摆开,以利于间苗或移苗补栽。秋季播种视墒情,墒情好时可不浇底水,每穴播3~4粒种子。播种后覆土至与地面平,之后覆盖地膜,种子萌发出土时撕破地膜。

第四,幼苗出土后要及时松土、除草和防治病虫害,尤其要注意防治金龟子、地老虎等地下害虫,以免危害刚出土的幼苗,造成直播失败。同时,还要防止人、畜践踏和耕种伤害。缺苗多的可以移栽补植或另建新园。进入雨季要趁墒追肥1~2次,每次每穴施尿素0.15千克。苗高50~60厘米时,可在20~30厘米高处进行嫁接;如果当年苗木不能嫁接,可在翌年嫁接;土壤立地条件差的地方,也可在苗木生长 2～4 年后在分枝上进行多头高接。

四、大树改接建园

对现有的不结果核桃大树可通过高接换头,直接改造成优良品种核桃园,提高经济效益。可选择坡度比较缓和、植被好、土层深厚的阳坡或半阳坡上的核桃园,按确定的株行距定点选树,应选择生长健壮、无病虫害、便于嫁接的树。根据土壤立地条件和改接品种特性确定密度,将其余的核桃树和灌杂木砍除,并清除杂草。土层深厚、肥沃的可留密点,土层瘠薄可留稀点;嫁接早实品种可留密点,晚实品种可留稀点。一般掌握在行距 4 米左右,株距 3 米左右。

改接核桃树可用插皮舌接法和腹接法。树干直径在 10 厘米以上、树形较好的,可在分枝处多头高接。一般在春季萌芽时,将选留的核桃树距地面 60～80 厘米处锯断,削平锯口,在其上进行插皮接,树干较粗时多插接几个接穗,接穗应封蜡。也可在春季对选留的核桃树在分枝处或树干高 50 厘米处锯断,削平锯口,待 6 月份发出嫩枝后进行芽接。

改接后的核桃树应修筑树盘,深翻树盘内土壤,拣出石块、草根,以后逐年"放树窝子",结合施肥扩大树盘。核桃树改接后会从接口以下长出许多萌蘖,接穗成活后应及早抹除萌蘖,以集中养分促进接穗生长。嫁接失败未成活的,在砧木树桩上留 2 个生长健壮的萌条,在 6 月份继续芽接。嫁接成活后,接穗萌芽长至 30 厘米以上时应绑立柱,把新梢绑在立柱上防止风折或人、畜碰伤。改接后应注意刨树盘松土除草、追施肥料和防治病虫害,促进核桃树生长。

第六章　核桃园管理技术

一、土肥水管理

(一)土壤管理

　　土壤是核桃树生长的基础,是容纳肥水的载体。土壤管理是把核桃树根系集中分布的土层改造成适于根系生长的活土层。土壤的组成物质包括固体、水和气体3类,它们相互联系,相互制约,共同为植物生长提供必需的物质和环境。土壤的固体部分主要由矿物颗粒和有机物组成,矿物颗粒大小不同,构成了土壤不同的质地,土壤质地对土壤肥力和水分状况影响很大。土壤沙粒和黏粒比例适中时,通透性良好,有一定的保水保肥能力,水、肥、气、热状况协调,适于植物生长。土壤有机质来源于动植物残体、微生物遗体和施入的有机肥,是植物所需养料的重要来源,也是土壤中微生物的主要食料,还能改善土壤的物理性质。增加有机质含量是改善土壤物理状态和化学性质的有效措施,也是提高土壤肥力的重要途径。土壤水分和空气是植物生长所必需的物质,也是影响土壤肥力的重要因素,它们共存于土壤的孔隙中,相互制约,相互消长(表6-1)。

表 6-1　土壤质地对土壤肥力和水分状况的影响

质　地	沙　土	壤　土	黏　土
含泥量(%)	10～20	30～50	60 以上
因土施肥	宜深施半腐熟土粪	宜施塘泥	宜施沙土、灰粪
因土灌溉	不耐旱、宜浅沟灌	耐旱	不耐旱
最大持水量(%)	7～14	23～25	25～30
植物能利用水量(%)	6～11	15～20	13～15

1. 土壤深翻　果园土壤深翻是改良土壤,尤其是改良深层土壤的有效措施,是果农在长期生产实践中创造的宝贵经验。果园土壤深翻,将表层活土填入下层,底层生土覆盖在上面,有利于生土变熟土,死土变活土,增加土壤团粒结构,提高保水保肥能力。土壤深翻与施有机肥相结合能够提高土壤孔隙度,降低土壤容重,增强土壤保肥保水能力及通气透水性,能增加土壤有机质含量,还可以使土壤中微生物数量增多、活动增强,加速落叶物腐烂和分解,增加土壤中的腐殖质和可溶性营养物,提高土壤肥力,为果树根系生长创造良好条件和提供丰富营养。同时,深翻还可使根系分布层加深,有利于增加吸收根数量,增强吸收营养能力。此外,对土层薄或下面为岩石、硬土层的瘠薄山地,或土层下有不透水黏土层、沙土交互成层的河滩地,深翻对改造土壤效果最明显。

(1)深翻时期　秋季深翻,核桃树地上部分生长缓慢,同化产物消耗较少且已开始回流积累。根系正值第二次或第三次生长高峰期,伤口容易愈合,也容易产生新根。深翻后经过漫长的秋冬期,有利于土壤风化和蓄水保墒,还可冻死越冬害虫。同时,通过灌水或降雪土壤下沉,可使土壤与根系接触更密切。春季深翻,核桃树根系即将萌动,地上部分尚处于休眠期,伤根容易愈合再生新根。早春深翻,可以保蓄土壤深层上升的水分,减少蒸发,深翻后及时灌水,可提高深翻效果。夏季深翻应在根系第二次生长高峰之后进行,深翻后正值雨季到来,土壤与根系紧密结合,不至于发生吊根和失水现象,湿润的土壤有利于根系吸收水分,促进树体生长发育。据调查,每平方米根系可增加2倍多,垂直分布较未深翻的深1倍左右,新梢和枝量也有明显增加。冬季深翻一般在入冬后,多结合果园基本建设进行,在严寒到来之前结束。冬季深翻时将秸秆、杂草、修剪枝等废弃物用机械粉碎后填入坑底,可起到贮水保水和增加土壤有机质的目的。深翻后要注意及时回填,防止晾根和冻伤根。总之,果园深翻一年四季均可进行,各个时期都能起到改善土壤物理结构和化学性质的效果,各地应根据实际情况,依据劳力状况、树龄、灌溉条件、气候等统筹安排,灵活运用。

(2)深翻深度 深翻深度与地区、土质、砧木等有关,原则是尽可能地将主要根系分布层翻松。核桃树枝干高大,枝叶繁茂,根系分布广而深,深翻深度一般要求60~80厘米。黏土地透气性差,深度应加大;沙土地、河滩地宜浅些。山地耕层以下为半风化的酥石、沙粒、胶泥板、土石混杂,深翻应打破原来层次,深翻时拣出沙粒、石块等。对土壤条件特别差的,应压肥客土,改善土壤结构。生产中深翻深度要因地、因树而异,在一定限度内,深翻的范围超过根系分布的深度和范围,有利于根系向纵深发展,扩大吸收范围,提高根系的吸收功能和可逆性。

(3)深翻方法

①扩穴深翻 在幼树栽植后的前几年,自定植穴边缘开始,每年或隔年向外扩挖,挖宽1~1.5米的环状沟,把土壤中的沙石、石块、劣土掏出,填入好土和秸秆杂草或有机肥。逐年扩大,至全园翻通翻透为止。

②隔行或隔株深翻 第一年深翻1行,留1行不翻,第二年再翻未翻的1行。如果是梯田核桃园,可在一层梯田内每隔2株树翻1个株间,隔年再翻另一个株间。这样,每次深翻只伤半面根系,对树体根系恢复有利。

③全园深翻　除树盘下的土壤不再深翻之外，一次将全园土壤全都深翻，这种方法便于机械化作业。缺点是伤根多，面积大，多在树体幼小时应用。

④带状深翻　即在果树行间或果树带与带之间自树冠外缘向外深翻，适于宽行密植或带状栽植的果园。

生产中无论采用何种深翻方式，都应把表土与心土分开放置，回填时先填表土再填心土，以利于心土熟化。如果结合深翻施入秸秆、杂草或有机肥，可将秸秆、杂草施入底层，有机肥与心土混拌后覆盖于上层。深翻时要注意保护根系，尽量不伤或少伤根，直径1厘米以上的根不可截断，同时避免根系暴露时间太久或受冻害。

2. 果园耕作

(1)耕翻　核桃园除了几年进行 1 次深翻外，一般每年还应进行耕翻或树盘松土。北方地区多在秋季新梢停止生长以后进行犁翻，犁地的深度为 20 厘米左右，犁后耙平，打碎土块。秋季犁地越早越好，以利于熟化土壤，保水增墒，改善土壤水分和通气状况，消灭地下害虫，铲除宿根性杂草。春季耕翻要比秋季浅些，在土壤化冻后进行，耕后耙平、镇压，防止水分蒸发。春季风大、少雨的地区不宜耕翻。夏季耕翻多结合除草进行，在伏天雨季杂草丛生季节耕翻，既可消灭杂草，又可增加有机质，提高土壤肥力。

(2)中耕　中耕可以使土壤通气良好，促进微生物活动，加速土壤内肥料分解，水溶性养分增加。同时，还可消除杂草，减少养分竞争；切断土壤毛细管，减少水分蒸发。春季为了保墒，应进行早春中耕，深度约 15 厘米。夏季为了消灭杂草，保持土壤透气性，应多次浅耕，深度约 10 厘米。在不深翻的年份，秋季也应进行中耕，深度 15～20 厘米。果园不进行间作的，在果树生长季节应经常中耕除草，这种土壤管理方式叫清耕法。其缺点是土壤有机质含量逐年减少，土壤团粒结构被破坏，肥力降低，山地果园易引起水土流失，沙地果园易加重风蚀。生产中应注意多施有机肥和种植埋压绿肥。

（3）除草剂应用　除草是果园的一项费工费时的工作，特别是近几年随着劳动力工资的提高，果园人工除草成本加大。应用除草剂进行化学除草，省工省时，节省资金，优势凸显。化学药剂除草的机制，一是抑制杂草分生组织正常进行，使细胞分生和生长受到阻碍，致使杂草畸形，失去生活力而死亡。二是抑制杂草的呼吸作用、光合作用的生理生化功能，如对叶绿体、淀粉、蔗糖、核糖核酸等物质的合成受阻，从而破坏杂草体内的生理功能，使杂草生长发育异常死亡。三是直接破坏杂草的原生质膜，使细胞液流入细胞间隙，在光照下失水死亡。除草剂种类很多，应合理使用，避免造成核桃树药害。为了达到除草效果，又不对核桃树产生药害，应用前应先做小面积除草试验，然后再普遍应用。目前常用的除草剂有草甘膦、百草枯、精喹禾灵、西玛津、莠去津、茅草枯等，生产中可根据果园杂草情况，参照产品说明书进行合理选择和施用。

3. 核桃园间作　核桃园前期株行距空间大，合理间作可以充分利用土地，提高果园前期经济收益。一般单一种植早实核桃的核桃园，种植后需4年时间才能达到收支平衡。同时，间作作物对土壤起到覆盖作用，能够减轻土壤冲刷，减少杂草危害。间作应选择生长期短、吸收肥水较少、植株低矮、生长旺盛期与核桃树错开、病虫害较少且与核桃树没有共生病虫害或中间寄主的作物。核桃园间作，国外主要是在行间种植三叶草、紫苕子或豆科绿肥，目的在于抑制草荒和增加土壤有机质；国内间种的植物种类较多，主要有豆类、薯类、瓜类、禾谷类、药用植物、蔬菜、草莓、食用菌等。豆类植物的根瘤菌有固氮作用，如黑豆、黄豆、白芸豆、绿豆、蚕豆、花生等，这些作物植株矮小，需肥水较少，是沙地核桃园理想间作物；薯类植物植株低矮，前期生长量小，与核桃树竞争肥水较少，对地面覆盖度好，有利于固土保墒，如甘薯、马铃薯等，是山地果园理想的间作物；果粮间作以种植禾谷类为主，有利于核桃生长发育，但必须以核桃树为主体；药用植物种类繁多，经济价值较高，多数耐旱耐寒，植株矮小，是各类果园的理想间作物，常用的品种有黄芩、丹参、党参、沙参、芍药、牡丹、红花、桔梗、旱半夏、白术等；与蔬菜类作物间种需要精耕细作，肥水充足，有利于果树生长发育，但应避免种植秋季生长的蔬菜，以免肥水过大影响核桃树越冬；草莓为浅根性植物，与核桃树深根性互补，在不同土壤层吸收养分，能充分利用土壤肥力。在土壤条件好，灌溉及交通条件方便的核桃园种植草莓，经济效益十分显著。

核桃园间作的方式，依作物种类不同可分为水平间作和立体间作两种。水平间作的植物种类应与核桃树的生长特点相近，如间作林木、果树等，主要采取行间间种的方式，一般为隔行间种。例如，辽宁省经济林研究所的核桃与桃树间作，行距均为 5 米；核桃与葡萄间作，行距均为 4 米。山东省农业科学院果树研究所的核桃与山楂间作，也是水平间作。立体间作是指间种作物种类的株型均比核桃树矮小，是利用核桃树下层空间进行生产，如间种食用菌、瓜类、树苗、药用植物等矮秆作物，一般种植在核桃树的行间或树下。我国目前应用立体间作模式较多，其经济效益也较高。例如，"七五"攻关协作组新疆点，利用核桃行间培育果树苗木，或种植西瓜、小麦、白菜等作物，每年每 667 米^2 净产值达 2 800 元以上。近年来，有些地方采用"三层楼式"立体间作模式，其中核桃树（乔木）为第一层，行间中央栽种花椒（灌木）为第二层，花椒行两侧间种谷、黍或豆类作物为第三层。例如，"七五"攻关协作组山东点的立体栽培模式为核桃、山楂和西瓜，3 年平均每 667 米^2 产值达 1 589 元。

核桃园间作，一定要合理安排间作作物，并加强管理，避免作物与果树争夺水分、养分和阳光。在种植作物时要与果树保持一定距离，留出清耕带。管理应以果树为重点，加强树盘周围中耕除草和肥水管理，不可本末倒置。间作物与果树争夺肥水时，应及时补充养分和水分,确保果树健壮生长。间作物种植不可重茬,避免个别营养元素缺失或累积,影响果树正常生长。

山区核桃园施有机肥比较困难,可以通过间种绿肥弥补,绿肥种类可选择紫穗槐、沙打旺、紫花苜蓿、田菁、黑麦草、绿豆等。绿肥植物最好的刈割压青期是在植株内营养物质含量高、生物量较大的时候,一般在植株开花期。压青早产量低,养分积累少,肥效不高;压青晚,生长期过长,植物开花结果消耗营养,降低氮肥含量,而且植株老化,难于沤制分解。压青可以刈割后直接埋压在树下,也可以刈割后集中挖坑沤制,待充分腐烂后再施入树下。

4. 果园覆盖 果园地表覆盖,可以有效防止土壤水分蒸发,抑制杂草生长,缩小土壤温度变化,促进根系生长,减少落花落果。可将麦秸和玉米秸粉碎后,在树盘覆盖20厘米厚,上面压少量土块,防止大风刮跑或着火。到翌年覆盖结束后,将这些覆盖物埋入树下作有机肥,还可增加土壤肥力。秸秆覆盖同时还解决了农村废弃物污染问题,特别是解除了每年秸秆焚烧造成的空气污染。经济条件好、管理水平高的果园,可采用地膜覆盖,还能起到提高地温、防止水分蒸发、防止杂草生长等功效。但应注意使用后一定要撤除地膜,防止污染土壤。地面覆盖是旱作条件下果园的有效保墒措施之一,如北京市农林科学院林果研究所试验表明,于3月下旬用2米×2米的地膜覆盖树干两侧的地面,可使土壤含水量提高0.4%~6%;于4月中旬在树冠投影范围内覆盖10厘米厚的杂草并覆土,可使土壤含水量提高0.2%~4.1%。

(二)施肥管理

施肥是改良土壤,促进核桃树生长发育的有效措施。实践证明,核桃树只有在科学施肥的前提下,才能促进根系发育、花芽分化,从而达到早产高产和稳产优质。随着核桃树龄的增长和对养分需求量的增加,肥料供应不足,影响树体正常生长发育,表现出结果少、落果多、果实小、品质差、病害严重等问题。核桃树虽然适应性广,比较耐瘠薄,但施肥可以明显增加树体生长,尤其是栽植在瘠薄山地上的核桃树,施肥效果更加明显。栽植3～4年的核桃树幼树,栽植前施足基肥基本上可以满足生长需要,只需根据树势生长情况追施化肥即可。进入结果期后,需大量消耗养分,应加强施肥。

1. 核桃树需肥特点　长期以来传统栽培核桃树,多采取粗放管理,不施肥或少施肥,因此核桃树施肥量没有确定的标准。根据树体各个发育时期的特点,参考国内外专家的施肥研究成果和果农的经验,进行以下总结和归纳,供参考。

(1)幼树期需肥特点　核桃幼树期,营养生长旺盛,枝叶迅速扩展,树干加粗增高生长,根系扩展快,吸收养分能力强。树体需要大量的氮、磷、钾营养,主要以氮素为主,构建树体骨架,为今后结果打下良好基础。

(2)结果初期需肥特点　核桃树结果初期,树体骨架基本形成,初步具备结果条件,营养生长趋于缓和,生殖生长迅速增强,果实产量连年成倍增长。树体需要氮素比例下降,需要磷、钾量比例加大。此期控制氮肥供给比例,促使树体由营养生长迅速向生殖生长转化,做到长树结果两不误。

(3)盛果期需肥特点　核桃树盛果期,营养生长与生殖生长基本平衡,地上部树冠和地下部根系达到最大程度,树体需要一个施肥较为均衡的状态。此期氮肥不足,树体生长缓慢,大量结果后树体容易衰弱,缩短结果寿命;氮肥过量,磷、钾肥不足,树体枝叶繁茂,透风透光不良,营养生长过盛,结果量不足。生产中可以通过看树冠外围新梢生长量作参考,外围新梢当年生长量50～60厘米,说明树体生长健壮;高于或低于这个数值,说明树体生长过旺或过弱,应调整施肥量和施肥比例。

对于一年中施肥来讲,春季以氮肥为主,夏季氮、磷、钾基本平衡施肥,秋季增加磷、钾肥的施入量。以满足春季长树,夏季促花,秋季为越冬和花芽发育打下基础。

2. 施肥技术

(1)施肥量的确定 核桃树施肥量常因树龄、结果量、土壤、气候等因素的变化而不同。确定施肥量时要根据树体需肥特点、土壤供肥状况和肥料种类等加以综合考虑。确定施肥量的最简单方法是对当地核桃园施肥种类和数量开展广泛调查,对不同核桃园的树势、产量、品质进行综合比较分析,筛选出较为合理的施肥量,并在生产实践中加以应用和调整,最后确定既能保证树势,又能获得丰产的施肥量。随着科学技术的发展,根据田间试验结果确定施肥量更为科学可靠,以标准果园为试验地,开展配方施肥试验,通过调查树体营养指标和生殖生长指标,为生产提供科学合理的施肥量。根据叶片分析结果确定施肥量也是一种快捷的方法。核桃叶片能及时准确反映出树体营养水平,通过仪器分析可以得知多种营养元素的含量,以便及时补充适宜的肥料。核桃叶片营养元素含量可参考表 6-2。

表 6-2 核桃叶片(干重)营养元素含量

元 素	含 量
氮(N)(%)	2.5～3.2
磷(P)(%)	0.12～0.3
钾(K)(%)	1.2～3.0
镁(Mg)(%)	0.3～1.0
钙(Ca)(%)	1.25～2.5
硫(S)(毫克/千克)	170～400
锰(Mn)(毫克/千克)	30～350
硼(B)(毫克/千克)	35～300
锌(Zn)(毫克/千克)	20～200
铜(Cu)(毫克/千克)	4～20

理论施肥量的计算应先测出核桃树各部位每年从土壤中吸收各元素的量,扣除土壤中能供给的量,再考虑肥料的利用率,其差值即为施肥量。计算时可用下列公式:

$$施肥量 = \frac{吸收肥料元素量 - 土壤供给量}{肥料利用率}$$

根据多年实践,核桃树栽植后的 2～5 年,平均每株施化肥由 0.5 千克逐年增加至 1.5 千克,氮、磷、钾肥比例为 2：1：1;有机肥由 5 千克增加至 25 千克。结果期树,每株施化肥 2～2.5 千克,氮、磷、钾肥比例为 2：1：1;有机肥每株平均 25 千克。盛果期大树平均株施化肥 3 千克以上,氮、磷、钾肥比例为 1.5：1：1,有机肥每株 25 千克以上。土壤肥沃的平地可适当减少施肥量,土地瘠薄的丘陵山地可适当增加施肥量。树势强旺,可适当减少施肥量,树势瘦弱可适当增加施肥量。施肥后要及时浇水,以保证施肥效果。

(2)施肥时间

①基肥　基肥是长期缓缓不断供给树体养分的肥料,实践证明,核桃树果实采后的 9 月中旬至 10 月中旬施基肥效果最好。此期根系处于生长时期,断根后容易愈合;而且此期温度较高,有机肥腐烂分解快,根系吸收养分后,有利于花芽分化和树体越冬,对翌年开花坐果和生长均有利。生产中应避免在晚春施基肥,这是因为此期断根愈合慢,有机肥分解时间比较漫长,会严重影响树体春季生长和开花坐果,并易引起落花落果。基肥多选用迟效性的土杂肥、圈肥、沤制的枯枝烂叶和农作物秸秆。施肥时掺入一定量的磷肥及锌肥,对核桃树生长发育和开花结果效果更好,一般每立方米基肥可混施过磷酸钙和硫酸锌各 50 千克。

②追肥　追肥是果树生长季节急需肥,可及时施入速效性化肥,以补充基肥供应不足。追肥的时期与气候、土质、树龄、季节等有关,生产中常用的追肥时期:一是花前或花后追肥。即早春核桃

树发芽后、开花前2周左右,适当追施速效性化肥,满足核桃树既要长叶又要开花结果急需养分的要求,以提高坐果率,促进枝叶健壮生长。花前追肥多以氮肥为主,供给核桃树开花结果和幼芽生长急需的氮素养分。如果树势过旺,花前不宜追肥,否则果树生长过旺,坐果困难,影响产量。核桃树花芽从6月初开始分化,在这个时期适当追肥能增加花芽形成数量,提高花芽质量,增加翌年的坐果率和产量,对当年果实膨大也有好处。花芽分化前追肥以磷、钾肥为主,不可偏施氮肥,否则适得其反。果实膨大期追肥,是保证单果重和果实饱满度的重要措施,有利于提高果实的商品质量。果实膨大期追肥前期以氮肥为主,后期以磷、钾肥为主。采果后追肥,可结合施基肥进行,对提高叶片寿命和光合作用、花芽分化、翌年开花坐果和新梢生长均有明显的促进作用。

追肥是调节果树生长、开花结果的积极措施,各地应根据具体情况与生产需要灵活掌握。通常情况下,为了增强树势,提高坐果率,要注重花前追肥和采后追肥;为了促进营养生长,可以偏重花后追肥;为了花芽形成应注重花芽分化期追肥。同时,还可进行叶面追肥,叶面追肥可结合病虫害防治进行,也可单独进行。其方法简便,效果快,尤其对缺肥严重的果园,是一项简单快捷的追肥方法。

(3)施肥方法

①放射状施肥 是5年以上幼树较常用的施肥方法(图6-1)。具体做法:从树冠边缘不同方位开始,向树干方向挖4~8条放射状的施肥沟,沟的长短视树冠的大小而定,通常为1~2米,沟宽40~50厘米,深度依施肥种类及数量而定,不同年份的基肥沟位置要变动错开,并随树冠的不断扩大而逐渐外移。近年来此法在大树上也有应用。

②环状施肥 常用于4年生以下的幼树。施肥方法:在树干周围,沿着树冠的外缘,挖一条深30~40厘米、宽40~50厘米的

环状施肥沟,将肥料均匀施入埋好。基肥可埋深些,追肥可浅些(磷肥深些,氮肥浅些)。施肥沟的位置应随树冠的扩大逐年向外扩展(图 6-2)。此法也适用于大树施基肥。

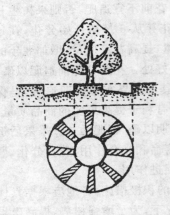 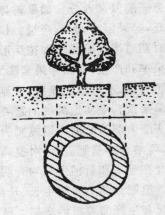

图 6-1　放射沟状施肥　　　　图 6-2　环状施肥

③穴状施肥　多用于施追肥。具体做法:以树干为中心,从树冠半径的 1/2 处开始,挖成若干个小穴,穴的分布要均匀,将肥料施入穴中埋好即可。亦可在树冠边缘至树冠半径 1/2 处的施肥圈内,在各个方位挖成若干个不规则的施肥小穴,施入肥料后埋土(图 6-3)。

④条状沟施肥　适用于幼树或成年树。具体做法:于行间或株间,分别在树冠相对的两侧,沿树冠投影边缘挖成相对平行的两条沟,从树冠外缘向内挖,沟宽 40～50 厘米,长度视树冠大小而定,幼树一般为 1～3 米,深度视肥料数量而定。翌年的挖沟位置应换到另外相对的两侧。

⑤全园撒施　全园撒施是传统的对核桃大树的施肥方法,具

体做法是先将肥料均匀地撒入全园,然后浅翻。此法简便易行,缺点是施肥过浅,经常撒施会把细根引向土壤表层。

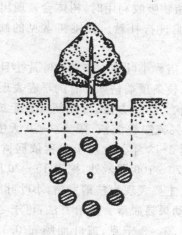

图 6-3　穴状施肥

⑥叶面喷肥　叶面喷肥是一种经济有效的施肥方式,其原理是通过叶片气孔和细胞间隙使养分直接进入树体内。叶面施肥能够避免土壤对养分的固定,具有用肥量少、见效快、利用率高、可与多种农药混合喷施等优点,对缺水少肥地区尤为实用。叶面施肥的种类和浓度:尿素为 0.3%～0.5%,过磷酸钙为 0.5%～1%,硫酸钾为 0.2%～0.3%(或 1%的草木灰浸出液),硼酸为 0.1%～0.2%,钼酸铵为 0.5%～1%,硫酸铜为 0.3%～0.5%。叶面喷肥的原则是生长前期应稀些,后期可浓些。叶面喷肥可在花期、新梢速长期、花芽分化期及采收后进行,特别在花期喷硼肥或硼肥加尿素,能明显提高坐果率。喷肥宜在上午 10 时以前和下午 3 时以后进行,阴雨或大风天气不宜喷肥。生产中应注意叶面喷肥不能代替土壤施肥,二者结合才能取得良好效果;与农药混用时,应先做

试验,以免发生药害。

3. 微肥施用 当土壤中缺乏某种微量元素或土壤中的某种微量元素无法被植物吸收利用时,树体会表现出相应缺素症状,这时应及时增施微肥进行补救。核桃树常见的缺素症和防治方法如下:

(1)缺锌症 俗称小叶病。表现为叶片小且黄,严重缺锌时全树叶片小而卷曲,枝条顶端枯死。有的早春表现正常,夏季则部分叶片出现缺锌症状。防治方法:可在新叶长至成叶大小的 3/4 时喷施 0.3%～0.5%硫酸锌溶液,隔 15～20 天喷 1 次,共喷 2～3次,其效果可持续 2～3 年。也可于深秋依据树体大小,将定量硫酸锌施于距树干 70～100 厘米处,挖深 15～20 厘米沟施入。

(2)缺硼症 主要表现为枝梢发枯,小叶叶脉间出现棕色小斑点,小叶易变形,幼果易脱落。防治方法:可于冬季结冻前,每 667米² 土壤施硼砂 1.5～3 千克,或叶面喷布 0.1%～0.2%硼酸溶液。生产中还应注意硼过量中毒现象,其症状表现与缺硼相似,要注意区分。

(3)缺铜症 常与缺锰同时发生,主要表现为核仁萎缩,叶片黄化脱落,小枝表皮出现黑色斑点,严重时枝条死亡。防治方法:可在春季叶面喷施波尔多液,或在距树干约 70 厘米处开 20 厘米深的沟施入硫酸铜 0.1 千克左右,也可叶面喷施 0.3%～0.5%硫酸铜溶液。

(三)核桃园灌溉与排水

果园灌溉与排水管理,不仅影响当年生长结果,而且影响翌年树体的生长发育,严重时危及核桃树成活,缩短核桃树经济结果年限。

1. 灌溉 通常灌溉的水源有河水、雨水、井水、水库蓄水等,水中的可溶性物质、悬浮物以及酸碱度不同,对果树的生长发育影响很大。地表径流水、雨雪水含有大量的有机质、硝态氮、二氧化碳、矿质元素,对果树生长发育十分有利;河水、水库蓄水比较清洁,水温处于常温状态,灌溉果园十分理想;井水和地下山泉水温度比较低,灌溉前应先贮于蓄水池中,经过一段时间增温后再浇灌;用污水灌溉一定要搞清楚是否含有有害的盐类,一般要求灌溉水中有害盐类不能超过 0.1%～0.15%。采用喷灌和滴灌的水不能含泥沙、藻类植物,水质硬度要小,以免堵塞喷头或滴头。

一般年降水量为 600～800 毫米,且分布比较均匀的地区,雨水基本上可以满足核桃生长发育的需求。我国南方的大部分地区及长江流域的陕南、陇县地区,年降水量在 800～1 000 毫米及以上,一般不需要灌溉。北方地区年降水量多在 500 毫米左右,且分布不均匀,常出现春夏干旱,需要灌水。具体灌水时间和次数应根据当地气候、土壤及水源条件而定,一般认为,当土壤相对含水量降低至 60% 时,容易出现叶片萎蔫、果实空壳、产量下降等问题,应及时进行补水。按照核桃的生长发育规律,有以下几个需水较多的时期。

(1)萌芽前后　3～4 月份,核桃开始萌动,发芽抽枝,该期物候变化快且短,几乎在 1 个月的时间里完成萌芽、抽枝、展叶和开花等生长发育过程,此期又正值北方地区春旱少雨时节,故应结合施肥灌水,称为萌芽水。

(2)开花后和花芽分化前　5～6 月份,雌花受精后,果实进入迅速生长期,其生长量约占全年生长量的 80%。至 6 月下旬,雌花芽也开始分化,这段时期需要大量的养分和水分供应,如遇干旱应及时灌水,以满足果实发育和花芽分化对水分的需求。尤其果实在硬核期(花后 6 周)前,应灌 1 次透水,以确保核仁饱满。

(3)采收后　9 月末至 11 月初,果实采收后至落叶前,可结合秋施基肥灌 1 次水。此次灌水不仅有利于土壤保墒,而且能促进厩肥分解,增加冬前树体养分贮备,提高幼树越冬能力,也有利于翌年春萌芽和开花。在有灌水条件的地方,在土壤结冻前如能再灌 1 次封冻水,则对树体更为有利。

此外,在无灌溉条件的山区或缺乏水源的地区,冬季可以积雪代水,春季应及时中耕除草保墒。生产中可以通过扩大树穴改土或采用高分子吸水剂增加土壤的蓄水能力,也可以利用鱼鳞坑、小坝壕、梯田旱井、蓄水池等水土保持工程拦蓄雨水,以备关键时期利用。

2. 排水 核桃树对地表积水和地下水位过高均较敏感,积水影响土壤通透性,可造成根部缺氧窒息,妨碍根系对水分和矿物质的正常吸收。如果积水时间过长,叶片会萎蔫变黄,严重时根系死亡。地下水位过高,会阻碍根系向下伸展。我国大部分核桃产区位于山区和丘陵区,自然排水条件良好。少数低洼地区和河流下游地区,常有积水和地下水位过高的情况,应注意修建行间排水沟或其他排水工程。目前,我国各地降低地下水位和排水的主要方法有以下几种。

(1)修筑台田 在低洼易积水地区,建园前修筑台田,台面宽 8～10 米,高出地面 1～1.5 米,台田之间留出深 1.2～1.5 米、高 1.5～2 米的排水沟。

(2)降低水位 在地下水位较高的核桃园中,可挖深沟降低水位。根据核桃根系的生长深度,可挖深 2 米左右的排水沟,使地下水位降至地表 1.5 米以下。

(3)排除地表积水 在低洼易积水的地区,可在核桃园的周围挖排水沟。这样,既可阻止园外水流入,又便于园内地表积水的排出;也可在园中挖若干条排水沟进行排水。

(4)机械排水 核桃园面积不太大、积水量不太多时,可利用机泵进行排水。

二、核桃整形修剪技术

为了使核桃树尽早结果，连年丰产稳产，延长经济寿命，从苗木栽植时起就应进行整形修剪，把每1棵树修整成既符合本品种生长结果特性，又适合不同栽植形式的树形。

（一）修剪时期

核桃树冬季修剪伤流严重，大量养分和水分的流失，易造成树体剪口干枯、变弱、枯死。关于合适的修剪时期有不同的说法，有人建议在春季修剪（萌芽后至5月初）或秋季修剪（采收后至落叶前），可避免伤流，减少养分流失。但秋季修剪剪去部分枝叶，光合物质减少，养分和水分未回流而损失，对营养物质积累和树体越冬不利；春季树体贮存的养分输送到各个枝条，新萌发的嫩芽需要呼吸消耗，剪除的损失大，易使树势衰弱。而休眠期修剪仅损失伤流的养分和水分，只要掌握好修剪时间，损失相对较小。根据笔者从生产实践中观察，从果树落叶后至农历"一九"之前和"五九"之后到萌芽之前，即从11月中下旬至12月下旬和2月初至4月初，是核桃树休眠期修剪的适宜时期，在这两个时间段内修剪，温度比较高，空气干燥，剪口的伤流易被风干而堵塞伤流口。据观察，气候干燥、温度较高、有微风的条件下，修剪伤口1天左右即不再出现伤流；在温度较低的条件下，伤流可持续1～2天。12月底至翌年2月初这段时期，气温太低，上午10时之前枝条被冰冻，修剪伤口从上午10时至下午3时有伤流，下午3时以后气温降低，枝条开始冰冻，停止伤流。这样每天反复，持续4～7天，即可造成枝条抽条或枯死，影响翌年树体生长发育，严重时整株树死亡。生产中核桃树修剪应根据修剪工作量，选择合适的天气条件，落叶后修剪应尽量提早，萌芽前修剪尽量推迟，目的是减少伤流损失，确保修剪安全。

(二)修剪原则与依据

1. 修剪的原则

(1)因树修剪随树整形　因树修剪,随树整形就是根据树体不同的生长表现,顺其形状和特点,通过人工修剪随树就势,诱导成形。生产中不能生搬硬套,按照书本机械造形。同一果园各个树体的大小、高低、长势各不相同,同类枝条之间的生长量、着生角度、芽饱满程度也各有异,这就要求应采取不同的修剪方法,因树造形,就枝修剪,恰到"火候",以收到事半功倍的效果。

(2)统筹兼顾长远规划　无论是栽植的幼树,还是放任生长的大树,均要事先预定长远的修剪管理计划,这关系到果树今后的生长结果和经济寿命。对于新栽植的幼树,修剪时既要考虑前期生长快,结果早,尽快进入丰产期,做到生长和结果两不误,又要考虑今后的发展方向和延长经济寿命。如只顾眼前利益,片面强调早结果、早丰产,会造成树体结构不合理,后期生长偏弱,果实质量下降,经济寿命缩短,得不偿失。同样,片面强调树形,忽视早结果、早丰产,会推迟产出,影响经济效益。对盛果期树应做到生长、结果相兼顾,避免片面追求高产,造成树体营养生长不良,形成大小年结果,缩短盛果期年限。对放任生长的核桃树做到整形、修剪、结果三者兼顾,不可片面强调整形而推迟结果,也不可因强调结果而忽略整形修剪。

(3)以轻为主轻重结合　在修剪量和程度上,要求轻剪为主,尤其幼树和初果期树,适当轻剪长放,多留枝条,有利于扩大树冠,缓放成花,提早进入丰产期。对于各级骨干枝的延长枝,按照整形修剪的原则进行中短截,保持生长强旺势头,培养各级骨干枝和各级枝组。对于辅养枝应多留长放,开张枝角,形成大量花果,并保持树体通风透光,枝条稀密适中,分布合理。对于衰老大树和弱树,应适当重剪,恢复树势,延长结果年限。生产中修剪时要轻重结合,注意调节树体营养枝和结果枝平衡,达到树体健壮生长,果实优质丰产稳产的目的。

(4)树势均衡主从分明　放任生长或修剪不当的核桃树大都表现上强下弱和主枝强弱不匀,应采取"抑强扶弱"的修剪方法,即控制主枝生长均衡,包括同层之间和层与层之间的均衡;主枝与中心干生长平衡;主枝、侧枝、结果枝配置、分布、长势均衡。多数果园树体出现前强后弱、内膛光秃现象,可通过修剪控制树势平衡、树体平衡;通过疏枝、剪枝控制前后生长平衡;通过控制结果量,维护和调节果园树体生长势总体均衡;相差严重的树可通过强枝环剥调节均衡。维护树势均衡,树冠圆满,为丰产打好基础。

2. 修剪依据

(1)品种特性　品种不同,在生长势、萌芽力、成枝力、枝条形状、结果枝类型、成花难易、结果早晚等方面的差别很大。核桃早实品种生长势不如晚实品种,结果时间较晚实品种提早 2～4 年,自然生长条件下,其树冠较小,结果后期容易早衰。因此,不同的核桃品种类型,应采取相应的修剪技术,否则会出现相反的效果。

(2)树龄大小和长势　核桃树生命周期可分为幼树期、初结果期、盛果期、衰老期等 4 个年龄段,各年龄段的生长表现不同。从幼树到初结果期,树体长势旺盛,枝条多直立生长,树姿不开张,结果少。进入盛果期,树势缓和,枝条开张,大量结果。随树龄增大,树势逐渐衰弱进入衰老期。所以,不同年龄段生长结果表现不一致,修剪方法和程度也应随之而变。在幼树期和初结果期以整形为主,迅速扩大树冠,及早结果,应轻剪长放。盛果期修剪主要是更新结果枝组,调节结果量,保持树体健壮,延长盛果期年限。衰老期主要是更新复壮,保持一定的结果数量。

(3)修剪反应　①留橛短截。留枝条基部 3～4 个芽剪截,目的是刺激萌生壮枝,剪口下一般萌发 2～3 个长枝。②重短截。剪去枝长的 2/3(一般剪后留枝长 50 厘米左右),多用于幼树整形和扩展树冠,剪口下一般萌发 4 个中长枝,萌芽率 90%以上。③中短截。剪去枝长的 1/2(一般剪后留枝长 80 厘米左右),用于延长枝修剪,剪口下可萌发 2～3 个长枝和一些短枝,萌芽率 45%左右。④轻剪。剪去枝长的 1/3(一般剪后留枝长 100 厘米左右),多用于辅养枝修剪,剪口下可萌发 1～2 个长枝和一些短枝,萌芽率 40%左右。⑤缓放不剪。多用于初结果树修剪,一般顶端萌发 1～2 个长枝和部分短枝,萌芽率不足 40%。不同的剪留长度对翌年开花结果影响很大,据调查,早实品种长枝中短截和缓放不剪的开花结果量最大,重短截的开花结果量最少,坐果率差别不明显。因此,生产中早实核桃幼树修剪应以缓放为主,配合中度短截,对扩展树体生长量、强健树势、较早进入丰产稳产期有很好的作用。

(4)立地条件 不同的立地条件对核桃树生长发育和开花结果影响很大,采取相应的整形修剪技术才能取得理想的效果。在瘠薄的山地和丘陵地栽植的核桃树,因为土壤条件差,整形应采用小型树冠,要求定干较低,层间距较小,修剪稍重,多短截,少疏剪。在土壤肥沃、地势平坦、灌溉条件良好的地块,树体生长发育快,枝多、强旺、冠大,定干可适当放高,主枝数适当多些,修剪量宜轻,多疏枝,轻短截,缓放后结果。

(5)管理条件 栽培管理水平和栽植方式与整形修剪密切相关。不注重整形修剪,栽培管理水平再高也显示不出效果;反之,一味地追求修剪,不注重栽培管理也是错误的。有许多果园注重修剪措施,而忽视土肥水管理,造成树体偏弱,产量低,果实质量差,经济效益低。在管理良好的基础上合理修剪,方可达到优质高产的目的。栽植形式和密度不同,整形修剪也要相应地改变,如早实密植核桃园树体矮化、冠径小,应及早控制树冠,防止郁闭,保持通风透光,同时还应加强土肥水的管理。

（三）整形修剪

1. 整形技术 整形就是根据核桃树的品种特性、树龄、树势和管理条件，通过人为的干预，有目的地培养具有一定结构和有利于生长结果的良好树形。合理的树形应该是能最大限度地截获光能和负载最大产量的树体结构。

（1）干形 主要是指树干的高度和培养树干的方法。树干也叫主干，是指树木从根颈起到第一个主枝基部之间的部分。树干的高低对于冠高、生长与结实、栽培管理、间作等关系极大，生产中应根据核桃树的品种、生长发育特点、栽培目的、栽培条件和栽培方式等因地因树而定。

①定干高度 鉴于我国目前栽培的晚实核桃和早实核桃条件千差万别，栽培方式也不尽相同，所以定干高度也应有所区别。晚实核桃结果晚、树体高大，主干可留得高一些。由于其株行距也较大，可长期进行间作，为了便于作业，干高可留 2 米以上；如考虑到果、材兼用，提高干材的利用率，干高可达 3 米以上。早实核桃由于结果早，树体较小，干高可留得矮一些。拟进行短期间作的核桃园，干高可留 0.8～1.2 米；早期密植丰产园干高可定为 0.6～1 米。

②定干方法 由于晚实核桃与早实核桃在生长发育特性方面有所不同，其定干方法也不完全一样。一般 2 年生晚实核桃很少发生分枝，3～4 年生以后开始少量分枝，株高一般可达 2 米以上。达到定干高度时，可通过选留主枝的方法进行定干，具体做法：在春季发芽后，在定干高度的上方选留 1 个壮芽或健壮的枝条作第一主枝，并将该枝或萌发芽以下的枝芽全部剪除。如果幼树生长过旺，分枝时间延迟，为了控制干高，可在要求干高上方的适当部位进行短截，促使剪口芽萌发，然后选留第一主枝。对于分枝力强的品系，只要栽培条件较好，也可采用短截的方法定干。栽培条件

差,树势弱,采用短截法定干,容易形成开心形,故弱树定干不宜采用短截的方法。

在正常情况下,2年生早实核桃开始分枝并开花结实,每年长高 0.6～1.2 米。可在定植当年发芽后,进行抹芽定干,即定干高度以下的侧芽全部抹除。若幼树生长未达定干高度,可到翌年进行定干。遇有顶芽坏死时,可选留靠近顶芽的健壮侧芽,使之向上生长,待达到定干高度以上时进行定干。定干时选留主枝的方法同晚实核桃。

(2)树形　核桃树同其他果树一样,需要有一个良好的树冠形状。良好的树形应该是结构均衡,充分占有空间,能最大限度地利用光能,有利于大量结果枝的形成,并具有足够的承载能力。根据树种生长发育特性和各地实践经验,核桃树形以主干疏层形和开心形为好。

培养树形主要靠选留主、侧枝和处理各级枝条的从属关系来实现。树体结构是树形的基础,而树体结构为主干和主、侧枝。因此,培养树形主要是配备好各级骨干枝也叫搭好树冠骨架。核桃的树体结构基本上有两种形式:一种是有中央领导干,由 6～7 个主枝构成。另一种是无中央领导干,由 3～4 个主枝构成。

①有中央领导干树形　也称主干疏层形,一般有 6～7 个主枝,分 2～3 层配置(图 6-4)。其培养操作步骤如下:

第一步,定干当年或第二年,在中央领导干定干高度以上,选留 3 个不同方位(水平夹角约 120°),生长健壮的枝或已萌发的壮芽,培养为第一层主枝,层内距离 60～80 厘米。此过程可 1 年 1 次完成,也可分 2 年选定完成。但要注意如果选留的最上 1 个主枝距主干延长枝顶部过近或第一层主枝的层内距过小,均容易削弱中央领导干的生长,甚至出现"掐脖"现象,影响主干的生长。当第一层预选为主枝的枝或芽确定后,除保留中央领导干延长枝的顶枝或芽以外,其余枝、芽有生长空间的留下作辅养枝,并将角度拉开至 80°以上；无生长空间的枝、芽全部剪除或抹掉。

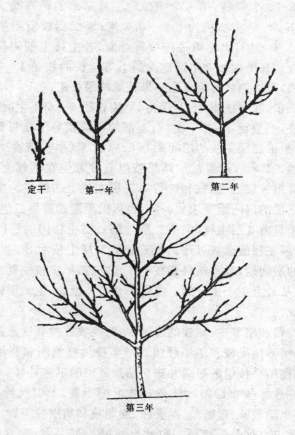

定干　　　第一年　　　　　　第二年

第三年

图 6-4　主干疏层形整形过程

第二步，晚实核桃 5～6 年生、早实核桃 4～5 年生，开始选留第二层主枝，一般留 1～2 个主枝。第二层主枝与第一层主枝要错落着生，不可重叠。第一层和第二层主枝的层间距 0.8～1.5 米

（早实核桃＞0.8米，晚实核桃为1.5米）。同时，在第一层的各主枝上留2～3个侧枝，第一个侧枝距主枝基部的距离晚实核桃为0.6～0.8米，早实核桃为0.5～0.6米；第二侧枝应距第一侧枝0.4～0.5米，且着生在第一侧枝斜对面，各主枝上的侧枝伸展方向应一致。每个侧枝选留两侧向斜上方生长的枝条1～2个作为二级侧枝，二级侧枝直接着生结果枝或结果枝组。

第三步，晚实核桃7～8年生、早实核桃5～6年生时，培养第三层主枝，一般留1～2个主枝，上部的中央领导干枝头截掉成小开心状，距第二层主枝的层间距0.6～1.2米（早实核桃＞0.6米，晚实核桃＞1米），结果枝或结果枝组直接着生在主枝上。同时，继续培养第一层主、侧枝和选留第二层主枝上的侧枝。由于第二层与第三层的层间距要求大一些，也可以延迟选留第三层主枝。

如果只留2层主枝，则第二层与第一层主枝间的层间距要加大，第二层主枝的选留可适当推迟。第二层主枝为2～3个，则两层主枝的层间距，晚实核桃要在1.8米左右，早实核桃要在1.5米左右，并从最上1个主枝的上方落头开心。至此，主干形树冠骨架基本形成。

在选留和培养主、侧枝的过程中，对晚实核桃要注意促其增加分枝，以培养结果枝和结果枝组。早实核桃要控制和利用好二次枝，以加速结果枝组的形成并防止结果部位的迅速外移。同时，还要经常注意那些非目的性枝条对树形的干扰，及时剪除主干、主枝、侧枝上的萌蘖、过密枝、重叠枝、细弱枝和病虫枝等。

②无中央领导干树形　也称自然开心形，一般有3～4个主枝，按不同方位选留（图6-5）。其培养操作步骤如下：

第一步，晚实核桃3～4年生、早实核桃3年生，在定干高度以上留出3～4个芽的整形带。在整形带内，按不同方位选留主枝，枝距一般为20～40厘米。主枝可1次选留，也可分2次选定。选留各主枝的水平距离应一致或相近，并保持每个主枝的长势均衡。

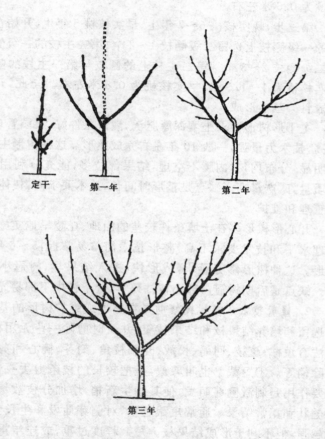

定干 第一年 第二年

第三年

图 6-5 自然开心形整形过程

第二步,晚实核桃 4～5 年生、早实核桃 4 年生,各主枝选定后,开始选留一级侧枝。由于开心形树形主枝少,侧枝应适当多留,即每个主枝应留侧枝 3 个左右。各主枝上的侧枝要上下错落,均匀分布。第一侧枝距主干的距离,晚实核桃为 0.8 米左右,早实核桃为 0.6 米左右。

第三步,晚实核桃 6～7 年生、早实核桃 5 年生,开始在第一主枝的一级侧枝上选留二级侧枝 1～2 个;第二主枝的一级侧枝上选留二级侧枝 2～3 个。第二主枝上的侧枝与第一主枝的侧枝间距晚实核桃为 1～1.5 米,早实核桃为 0.8 米左右。至此,开心形的树冠骨架基本形成。

主干形树形要求土壤深厚肥沃,灌溉条件好,果园管理水平比较高,技术力量强,一般 10 年左右完成整形。这种树形主枝多,层次明显,分布均匀,内膛不空虚,结果部位多,能充分利用光能,果实质量好,产量高。缺点是整形时间长,技术要求高,树体偏高,不易管理和维护。

开心形树形多在土壤条件较差的山地、丘陵旱地实施,对果园管理水平和技术要求不高,整形技术简单易掌握,5～6 年可完成整形。这种树形修剪量小,成形快,进入结果早,树冠小,管理方便。缺点是后期树冠内部小枝枯死早,骨干枝中下部易光秃。

2. 修剪技术 核桃树修剪是在整形或维护树形的基础上,继续选留和培养结果枝和结果枝组,并及时剪除一些无用枝。修剪方法有短截、疏枝、回缩、长放、开张枝角、刻芽、摘心和剪梢、抹芽和除梢等。①短截。也叫剪截,是把较长的枝条剪去一部分。其主要作用是刺激侧芽萌发,使其抽生新梢,增加分枝数量,保证树势健壮和正常结果。通常短截越重,对侧芽萌发和生长势的刺激就越强,但不利于形成结果枝。短截程度过重,或连年重剪,会削弱树势。短截轻,侧芽萌发多,但生长势弱,中下部易萌发短枝,容易形成花芽。对于幼树在注重培育良好牢固骨架的同时,要对全树轻短截,以便提早结果。②疏枝。也叫疏剪,就是剪除树冠上的干枯枝、不宜利用的徒长枝、竞争枝、病虫枝、过密交叉枝、重叠枝等。全树疏去枝条不超过 10%,为轻疏;疏去 10%～20%,为中疏;疏去 20% 以上,为重疏。疏枝程度要根据树势、管理水平而定,幼树宜轻疏,利用其形成花芽,提早结果。结果树在不影响产量的基础上,多进行中度疏枝。衰老树,为避免树势生长较弱,应精细疏除结果枝,恢复树势。③回缩。也叫缩剪。核桃树结果后,新梢生长势逐渐减弱,所生枝条多为短枝,有些枝条开始衰弱,树冠中下部位开始出现光秃。为了改善光照,复壮树势,延长结果年限,必须对衰弱枝进行回缩,使结果枝得以更新复壮,保持树体健壮结果。回缩是在多年生枝的地方,留下1个健壮侧枝,而将顶枝剪除。回缩可以缩短大枝的长度,减少大枝上的小枝数量,使养分和水分集中供给留下的枝条,对复壮树势,提高坐果率和果实质量十分有利。回缩的同时要加强果园肥水管理,促进枝条健壮生长和结果枝形成。对一些衰老的主枝,应进行重回缩,促发锯口以下萌生壮枝,重新形成树冠,这种回缩叫树冠更新。衰老树的更新修剪常采用重回缩方法。④刻芽。也叫目伤。在春季发芽前,用刀在芽的上方横切一刀,深达木质部,促使休眠芽萌发。这是因为,在芽的上方刻伤,阻碍了养分向上运输,使伤口下面的芽得到了充分的养分,有利于芽的萌发和抽枝。刻芽常用于幼树整形,在缺枝的部位进行刻芽。刻芽时涂抹河南省洛阳市林科所生产的抽枝宝2号,效果会更好。刻芽的芽体要有一定的饱满度,死芽或特别秕芽,达不到抽枝的目的。⑤摘心和剪梢。在果实生长期,摘去先端的生长点,叫摘心;剪去新梢的一部分,叫剪梢。对核桃树摘心和剪梢可以促发二次枝、三次枝。核桃树幼树期枝条生长旺盛,生长量大,一般可达1.5米左右,在长至70厘米左右时,进行摘心和剪梢可萌发二次枝,减少了冬季修剪工作量,也节省了养分,有利于核桃树早成形、早结果。⑥抹芽和除梢。萌芽时抹除密生或位置不当的芽,叫抹芽;萌芽长成嫩枝时掰掉,叫除梢。抹芽和除梢可以改善树冠透风透光条件,避免冬季修剪而造成过多的伤流和伤口,同时也可减少养分消耗。

(1)幼树修剪 核桃幼树期修剪主要以培养树形和扩展树冠

为目标,利用顶端优势,采用高截、低留的定干整形方法。即达到定干高度要求时在定干处剪截,不足定干高度时留下顶芽,待生长达到定干高度时采用重摘心或剪梢,促使幼树多发枝,加快分枝级数,扩大营养面积,在5～6年内选留出各级骨干枝,为丰产打好基础。

幼树修剪方法因早实核桃和晚实核桃类群的生长发育特点不同而异。早实核桃具有分枝力强、能抽生二次枝和徒长枝等特点,在修剪时除注意培养好主、侧枝外,还应及时控制二次枝和徒长枝,疏除过密枝,处理好背下枝。核桃幼树修剪方法有以下几种。

①主、侧延长枝　幼树各主、侧延长枝每年都要剪截,不能缓放。主枝一般剪留约80厘米长,生产中实际剪截时应考虑以下3点:一是剪截应在充实饱满芽部位。二是剪截程度以剪口下能萌发2～3个长枝,并尽可能萌发中短枝,基部少量芽不萌发成潜伏芽(20厘米左右)。三是保证培养的侧枝和结果枝有合理的距离和密度,不使枝条密挤。侧枝延长枝剪留长度应较主枝稍短些,剪截程度以剪口下能萌生2个长枝为宜,一个长枝继续延长,另一个长枝培养成大结果枝组。延长枝上有二次枝时,二次枝以下够剪留长度的,可将二次枝以上部分剪去;二次枝在下部的,在二次枝以上剪截。剪截时选好剪口芽,并利用饱满顶芽的二次枝延伸培育侧枝和结果枝组,其余二次枝剪去顶芽。各级延长枝连续延伸几年后,随结果量增加,长势减弱,剪截后抽生长枝能力减弱时,即可甩放不剪,将枝头培养成结果枝组,此时可以稳定树冠大小。因核桃树枝条髓心大,剪截后剪口易干枯,剪截时应在芽上留3厘米左右的残桩,以免影响剪口下第一芽的萌发和生长。同时,为多保留长枝,剪截延长枝时,剪口下第一芽保留外芽,第二芽为竞争枝应抹去,第三芽培养成结果枝组。核桃枝条髓心大,不易掌握留橛长度,一般不搞里芽外蹬修剪。

②培养结果枝组　核桃树初结果以中短枝结果为主,尤其以

强壮枝上萌生的中短枝结果稳定。由于核桃品种类型不同,晚实品种成枝力低,抽生中长枝多,成花较难,延长枝以下的长枝和有饱满顶芽的中等枝条应甩放不剪,形成结果枝或结果枝组;早实品种成枝力低,抽生的中短枝数量多,容易形成花芽结果。在空间大的地方可以重剪1年生枝,促生2～3个分枝后再甩放,缓放形成结果枝。生长强壮的幼树发育枝或徒长枝夏季摘心可抽生二次枝,二次枝抽生晚,生长旺,组织不充实,在北方地区冬季易发生抽条现象。因此,应对二次枝进行处理,其方法有如下几种:一是若二次枝生长过旺,对其余枝生长构成威胁时,可在其未木质化之前,从基部剪除。二是凡在1个结果枝上抽生3个以上的二次枝,可选留早期的1～2个健壮枝,其余全部疏除。三是在夏季,对选留的二次枝,若生长过旺,可进行摘心,以促其尽早木质化,并控制其向外伸展。四是如果1个结果枝只抽生1个二次枝,且长势较强,可于春季或夏季对其进行短截,以促发分枝,培养成结果枝组。夏季短截分枝数量多,春季短截发枝粗壮。短截强度以中轻度为宜。

在土壤条件和管理水平比较高的地方,树势强壮,在生长季节可以连续对新生发育枝摘心,促其当年形成结果枝组。早实品种结果后易早衰,短枝结果后易枯死,要采取"先放后缩"的修剪方法,在分生枝处回缩培养成结果枝组。对萌芽力弱、长枝中下部易光秃的晚实品种,可采取"先截后放"的方法,缓放成结果枝组。对生长旺盛的长枝或徒长枝,以不修剪或轻剪为宜,修剪越轻,总发枝量、果枝量和坐果数越多,二次枝数量减少,可大大降低冬季抽条率。据山东省农业科学院果树研究所试验,对长度在1米以上,直径为2～3厘米的直立旺长枝,于发芽前进行拉枝,拉至水平角度,可使果枝量和营养枝量明显增加,而二次枝量则减少,能提高当年坐果数。

早实核桃枝量大,易造成树冠内膛枝条密度过大,不利于通风透光。对此，应按照去弱留强的原则，及时疏除过密的枝条。疏枝时应贴枝条基部剪除，切不可留橛，以利伤口愈合。背下枝多着生在母枝先端背下，春季萌发早，生长旺盛，竞争力强，容易使原枝头变弱而形成"倒拉"现象，甚至造成原枝头枯死。处理的方法是在萌芽后或枝条生长初期剪除。如果原母枝变弱或分枝角度过小，可利用背下枝或斜上枝代替原枝头，将原枝头剪除或培养成结果枝组。如果背下枝长势中等，并已形成混合芽，则可保留其结果；如生长健壮，结果后可在适当分枝处回缩，培养成小型结果枝组。晚实核桃的幼树分枝较少，修剪的主要目的是促其分枝。增加分枝的有效方法是短截发育枝，一般短截的对象主要是从一级侧枝和二级侧枝上抽生的生长旺盛的发育枝。但短截枝的数量不宜过多，一般每株树上短截枝的数量占总枝量的1/3左右。短截枝在树冠内的分布要均匀，短截的长度可根据发育枝的长短分别进行中度(剪去枝条的1/2)和轻度(剪去1/3或1/4)短截。重短截虽能促进枝条生长，但分枝数量减少，还有刺激潜伏芽萌发的可能，故不宜采用。此外，晚实核桃的背下枝，其生长势比早实核桃更强，为保证主、侧枝原枝头的正常生长和促进其他枝条的发育，避免养分大量消耗，应在背下枝抽生的初期从基部剪除。

　　(2)成年树修剪　核桃成年树分为结果初期树和盛果期树，由于其生长发育和结果习性不同，修剪的重点和任务也不一样。结果初期树主要修剪任务是继续培养主、侧枝，充分利用辅养枝早期结果，积极培养结果枝组，尽量扩大结果部位。修剪时应去强留弱，或先放后缩，放缩结合，防止结果部位外移。对已影响主、侧枝的辅养枝，以缩代疏或逐渐疏除，给主、侧枝让路。对徒长枝，可采用留、疏、改相结合的方法加以处理。对早实核桃的二次枝，可用摘心和短截的方法促其形成结果枝组，但过密的二次枝则应去弱留强。同时，应注意疏除干枯枝、病虫枝、过密枝、重叠枝和细弱枝；盛果期树的树冠大都接近郁闭或已经郁闭，一方面外围枝量逐渐增多,且大部分成为结果枝;另一方面由于光照不良内膛部分小枝干枯,主枝后部出现光秃带,结果部位外移,生长与结果的矛盾突出,易出现隔年结果现象。因此,此期修剪的任务主要是调整营养生长和生殖生长的关系,不断改善树冠内的通风透光条件,不断更新结果枝,从而达到高产稳产的目的。核桃成年树应采取以下修剪方法。

①骨干枝和外围枝的修剪　对晚实核桃而言,由于腋花芽结果较少,结果部位主要在枝条先端,随着结果量的逐渐增多,特别是在丰产年份,大中型骨干枝常出现下垂现象,外围枝伸展过长,下垂得更严重。因此,此期对骨干枝和外围枝的修剪要点是,及时回缩过弱的骨干枝,回缩部位可在向斜上生长侧枝的前部。同时,按去弱留强的原则,疏除过密的外围枝,对有可利用空间的外围枝,可适当短截,从而改善树冠的通风透光条件,促进保留枝芽的健康生长。

②结果枝组的培养与更新　加强结果枝组的培养,扩大结果部位,防止结果部位外移是保证盛果期核桃园丰产稳产的重要措施。特别是晚实核桃,结果枝组的培养尤为重要。培养结果枝组的原则是大、中、小枝组配置适当,均匀地分布在各级主、侧枝上,在树冠内的总体分布是里大外小、下多上少、内部不空、外部不密,枝组间保持0.6~1米的距离。培养结果枝组的途径是对着生在骨干枝上的大中型辅养枝,经回缩改造成大中型结果枝组;对树冠内的健壮发育枝,采用去直立留平斜、先放后缩的方法培养成中小型结果枝组;对部分留用的徒长枝,应先开张角度,控制旺长,再配合夏季摘心和秋季于"盲节"处短截,促生分枝,形成结果枝组。结果枝组多年结果后,会逐渐衰弱,应及时更新复壮。其方法是对2~3年生的小型结果枝组,视树冠内的可利用空间,按去弱留强的原则,疏除一些弱小或结果不良的枝条;对中型结果枝组,可及时回缩更新,使其内部交替结果,同时控制枝组内旺枝;对大型结

果枝组,应注意控制其高度和长度,以防"树上长树",如果已属于无延长能力或下部枝条过弱的大型枝组,则应进行回缩修剪,以保证其下部中小型枝组的正常生长结果。

③辅养枝的利用与修剪　辅养枝是指着生于骨干枝上,不属于所留分枝级次的辅助性枝条。这些枝条多数是在幼树期为加大叶面积,充分占有空间,提早结果而保留下来的,属临时性枝条。对其修剪的原则是,与骨干枝不发生矛盾时可保留不动,影响主、侧枝生长的应及时去除或回缩。辅养枝应小,且短于邻近的主、侧枝,过旺时应去强留弱或回缩到弱分枝处。辅养枝长势中等、分枝良好,又有可利用空间的,可剪去枝头,将其改造成结果枝组。

④徒长枝的利用和修剪　成年树随着树龄和结果量的增加,外围枝长势变弱,加之修剪和病虫危害等原因,易造成内膛骨干枝上的潜伏芽萌发,形成徒长枝,早实核桃更易发生。徒长枝处理可视树势及内膛枝条的分布情况而定,内膛枝条较多,结果枝组生长正常,可从基部疏除徒长枝;内膛有空间,或其附近结果枝组已衰弱,则可利用徒长枝培养成结果枝组,促成结果枝组及时更新。尤其在盛果末期,树势开始衰弱,产量下降,枯死枝增多,更应注意对徒长枝的选留与培养。

⑤背下枝的处理　对晚实核桃来说,背下枝强旺和"夺头"现象比较普遍。背下枝多由枝头的第二个至第四个背下芽发育而成,长势很强,若不及时处理,极易造成枝头"倒拉"现象。背下枝的处理方法是如果长势中等,并已形成混合芽,则可保留结果;如果生长健壮,待结果后,可在适当分枝处回缩,培养成小型结果枝组;对已产生"倒拉"现象的背下枝,如果原枝头开张角度较小,可将原枝头剪除,让背下枝取而代之。成年树上无用的背下枝要及时剪除。

此外,对早实核桃成年树的二次枝处理方法基本上同幼树,要特别注意的是为防止结果部位迅速外移,应对外围生长旺的二次枝及时短截或疏除。

（3）衰老树修剪 核桃树进入衰老期的特点是，外围枝生长量明显减弱，小枝（可达 5 年生部位）干枯严重，外围枝条下垂，产生大量"焦梢"，同时萌发出大量徒长枝，出现自然更新现象，产量显著下降。为了延长结果年限，对衰老树应采取以下更新复壮措施。

①主干更新 也叫大更新，即将主枝全部锯掉，使其重新发枝并形成主枝。具体做法有两种：一种是对主干过高的植株，可从主干的适当部位，将树冠全部锯掉，使锯口下的潜伏芽萌发成新枝，然后从新枝中选留方向合适、生长健壮的 2～4 个枝，培养成主枝。另一种做法是对主干高度适宜的开心形植株，可在每个主枝的基部锯掉。如果是主干形，可先从第一层主枝的上部锯掉树冠，再从各主枝的基部锯断，使主枝基部的潜伏芽萌芽发枝。此种更新法在西藏核桃栽培区常见，在内地应用时应慎重。

②主枝更新 也叫中度更新，即在主枝的适当部位进行回缩，使其形成新的侧枝。具体做法是：选择健壮的主枝，保留 50～100 厘米长，其余部分锯掉，使其在主枝锯口附近发枝。发枝后，每个主枝上选留方位适宜的 2～3 个健壮的枝条，培养成一级侧枝。

③侧枝更新 也叫小更新，即将一级侧枝在适当的部位进行回缩，使其形成新的二级侧枝。其优点是新树冠形成和产量增加均较快。具体做法是：在计划保留的每个主枝上，选择 2～3 个位置适宜的侧枝，在每个侧枝中下部长有强旺分枝（必须是强旺枝）的前端（或上部）剪截。疏除所有的病枝、枯枝、单轴延长枝和下垂枝。对明显衰弱的侧枝或大型结果枝组应进行重回缩，促其发新枝。对枯梢枝要重剪，促其从下部或基部发枝，以代替原枝头。对更新的核桃树必须加强土肥水管理和病虫害防治，以防当年发不出新枝，造成更新失败。

核桃衰老树修剪复壮技术早已在生产实践中应用。例如，河北省遵化市杨庄村的陈满礼早在 1962 年就开始采用核桃修剪复壮技术,修剪前,500 株结果树总产量仅有 2 879.5 千克,修剪复壮后,1970 年产量增加至 12.3 吨,增长达 3 倍之多,其中 1 株 200 年生老树,修剪复壮后,连续 7 年株产 50～70 千克。河北省农业科学院果树研究所于 1972—1978 年对涉县的 2 000 多株放任结果核桃大树进行修剪复壮试验(包括轻剪、中剪、重剪),以重剪效果为最好,产量由修剪前的年均 29 吨增加至 71 吨并总结出一套大树修剪方法。近年来,陕西省、甘肃省、河南省等多地采用修剪复壮技术,均取得了较好的增产效果。

三、其他管理措施

(一)幼树防寒

核桃幼树枝条髓心大,含水量较高,抗寒性差,在北方比较寒冷干旱的地区,越冬后新梢表皮易皱缩干枯,俗称"抽条",影响幼树树冠的形成。因此,在定植后的 1～2 年内,幼树需进行防寒。

1. 埋土防寒 在冬季土壤封冻前,把幼树轻轻弯倒,使其顶端接触地面,然后用土埋好,埋土厚度视当地的气候条件而定,一般为 20～40 厘米。待翌年春季土壤解冻后,及时撒土,把幼树扶直。此法虽费工,但效果良好。据北京市农林科学院林果研究所 3 年试验证明,此法可有效地阻止抽条的发生。

2. 培土防寒 对粗矮的幼树,如果不易弯倒,可在树干周围培土,最好将当年生枝条培土埋严。幼树较高时不宜用此法。

3. 涂白防寒 幼树涂白,可缓和枝干阴阳面的温差,防寒效果较好,一般在土壤结冻前涂抹。涂白剂的配方是:食盐 0.5 千克、生石灰 6 千克、清水 15 升,再加入适量的黏着剂和杀虫剂。也可用石硫合剂的残渣涂抹幼树枝和干。

（二）保花保果

1. 人工辅助授粉 核桃存在雌雄异熟现象,有些品种同一株树上,雌、雄花期可相距20多天。花期不遇常造成授粉受精不良,严重影响坐果率和产量,分散栽种的核桃树更是如此。此外,由于受不良气象因素,如低温、降雨、大风、霜冻等的影响,雄花的散粉也会受到阻碍。在这些情况下,人工辅助授粉可显著提高坐果率。即使在正常气候条件下,人工辅助授粉也可提高坐果率15%～30%。人工辅助授粉的方法步骤如下:

（1）采集花粉 从当地或其他地方生长健壮的成年树上采集将要散粉（花序由绿变黄）或刚刚散粉的雄花序,放在干燥的室内或无阳光直射的地方晾干,在20℃～25℃条件下,经1～2天即可散粉,然后将花粉收集在指形管或小青霉素瓶中,盖严,置于2℃～5℃低温条件下备用。核桃花粉生活力在常温条件下,可保持5天左右,在3℃的恒温箱中可保持20天以上。注意瓶装花粉应适当通气,以防发霉。为了适应大面积授粉的需要,可将原粉加以稀释,一般按1:10加入淀粉即可,稀释后的花粉同样可收到良好的授粉效果。

（2）选择授粉适期 当雌花柱头开裂并呈倒"八"字形,柱头羽状突起分泌大量黏液并具有一定光泽时,为雌花接受花粉的最佳时期。此时一般正值雌花盛期,一般时间为2～3天,雄先型植株只有1～2天。因此,要抓紧时间授粉,以免错过最适授粉期。有时因天气状况不良,同一株树上雌花期早晚可相差7～15天。为提高坐果率,有条件的地方可进行第二次授粉。实践证明,在雌花开花不整齐时,二次授粉比一次授粉可提高坐果率8%左右。

（3）授粉方法 对树体较矮小的早实核桃幼树,可用授粉器授粉,也可用医用喉头喷粉器代替,将花粉装入喷粉器的玻璃瓶中,在树冠中上部喷布即可,注意喷头要高于柱头30厘米以上。此法授粉速度快,但花粉用量大。也可用新毛笔蘸少量花粉,轻轻点弹在柱头上,注意不要直接往柱头上抹,以免授粉过量或损坏柱头,导致落花。对成年树或高大的晚实核桃树可采用花粉袋抖授法,具体做法是:将花粉装入2~4层的纱布袋中,封严袋口,拴在竹竿上,然后在树冠上方迎风面轻轻抖撒。也可将立即散粉的雄花序采下,每4~5个为1束,挂在树冠上部,任其自由散粉,效果良好,还可免去采集花粉的麻烦。此外,还可将花粉配成悬浮液(花粉与水之比为1∶5 000)喷洒树冠,有条件的在水中加1%蔗糖和0.2%硼酸,可促进花粉发芽和受精。此法既节省花粉,又可结合叶面喷肥同时进行,适用于山区或水源缺乏的地区。

2. 疏花疏果 指疏除核桃树上过多的雄花芽和幼果。疏花疏果由于节省了大量养分和水分,不仅有利于当年树体的发育,提高当年的坚果产量和品质,同时也有利于新梢的生长和保证翌年的产量。

(1)疏除雄花 疏雄时期原则上以早疏为宜,一般以雄花芽未萌动前的20天内进行为好,雄花芽伸长期疏雄效果不明显。疏雄量以90%~95%为宜,使雌花序与雄花数之比达1∶30~60,但对栽植分散和雄花芽较少的树可适当少疏或不疏。疏雄方法是,用长1~1.5米的带钩木杆,拉下枝条,人工掰除即可。也可结合修剪进行。疏雄对核桃树的增产效果十分明显。据山西省林业科学研究所(1984)在蒲县的核桃丰产栽培试验中证明,核桃树去雄可使产量年均增长47.5%。山西省自1985年起在全省7个地(市)、27个县推广去雄技术,3年中共去雄191.62万株,核桃增产约327.67万千克,纯增收入355.37万元。另据河北农业大学(1986)报道,疏雄可提高坐果率15%~22%,产量增加12.8%~37.5%。

(2)疏除幼果 早实核桃以侧花芽结实为主,雌花量较大,到盛果期后,为保证树体营养生长和生殖生长的相对平衡,保持高产稳产水平,应疏除过多的幼果。疏果时间可在生理落果期以后,一般在雌花受精后的 20～30 天、当子房发育至 1～1.5 厘米时进行疏果。幼果疏除量应依树势状况及栽培条件而定,一般以每平方米树冠投影面积保留 60～100 个果实为宜。疏除方法是,先疏除弱树或细弱枝上的幼果,有必要的话,最好连同弱枝一同剪掉。每个花序有 3 个以上幼果时,视结果枝的强弱保留 2～3 个。注意坐果部位在树冠内要分布均匀,郁密的内膛可多疏。应注意的是,疏果仅限于坐果率高的早实核桃品种,尤其是树弱而挂果多的树。

3. 其他技术 研究证明,采取施用植物生长调节剂和稀土以及环剥等技术措施均能在一定程度上提高核桃坐果率。例如,据王立新(1990)报道,对 40 年生山地结果核桃大树喷施 2 次 5～7 毫克/千克吲哚乙酸溶液,坐果率可比对照树提高 22.7%。朱丽华等(1993)研究表明,对 8 年生晚实核桃嫁接树喷施 1 000～2 000毫克/千克多效唑溶液,单株产量比对照株提高 10%～64.9%,持效期至少为 2 年。那洪宾等(1990)稀土对 5 年生核桃树的影响研究结果表明,在雌花初期喷施 300～800 毫克/千克 NL-1 号稀土溶液,比对照增产 48.6%～66.5%。此外,河北省昌黎果树研究所李守玉等(1984)报道,于 5 月中下旬对 21 年生核桃壮树上生长旺而结果少的基部秃裸辅养枝进行环剥,其宽度不超过 0.6 厘米,可缓和树势,提高坐果率并促使剥口下萌发新枝。

四、低产树改造

我国现有核桃树约 3 亿多株,结果树只有 1 亿多株,除幼树外,相当部分是结果少甚至不结果的低产树,直接影响着核桃园的经济效益。因此,尽快改造低产树是我国目前核桃生产中的紧迫任务。改造现有低产核桃树(园)应该从综合管理入手,因地制宜,对症下药。目前,主要采取高接改换良种、改善立地条件、加强配套栽培管理等措施。

（一）高接换优

在立地条件较好,树龄不太大,树势较好,但产量很低且品质不佳的实生核桃园,可采用高接改换良种的方法。我国绝大多数核桃产区过去一直沿用实生繁殖,致使株间差异很大,坚果品质良莠不齐,有些单株成年树结果很少,这样的核桃园经济效益很低。通过高接可使这部分核桃树迅速改换为优良品种,从而大幅度提高产量和品质。20 世纪 80 年代以来,高接技术在我国河北、山东、河南、甘肃、辽宁、北京、新疆等核桃产地均有成功的实例。例如,河南省浚县对未结果和产量很低的 14 年生的实生核桃树高接优良品种辽宁 1 号,高接后 3 年其产量比对照树增加 3.1 倍,而且品质也极大提高。"七五"攻关协作组曾系统研究了高接换优技术,并取得重要进展,嫁接成活率已得到稳步提高。其中,多头高接的大树成活率可达 100%,接头成活率稳定在 87% 以上。近年来,该项技术已在豫、晋、冀、辽、新等核桃产区推广应用达 1 333 余公顷。核桃高接换优的技术要点包括以下几项。

1. 砧、穗选择与处理 选择坚果品质好,丰产性、抗逆性均强的优良品种或优良品系作接穗母树。选发育充实、无病虫害、直径为 1～1.5 厘米的发育枝或早实核桃的二次枝,从枝条中下部其髓心小、芽子饱满的部位截取接穗。每个接穗保留 2～3 个饱满芽,用 95℃～98℃ 石蜡封严,贮存在 10℃ 条件下备用,切忌接穗萌动。砧木可选用 6～30 年生低产劣质的健壮树,于嫁接前 7 天按原树冠的从属关系锯好接头,幼龄树可直接锯断主干,初结果树和结果大树则要多头高接。多头高接时锯口应距原枝基部 20～30 厘米。如在有伤流期嫁接,应在正式嫁接前 4～7 天于树干基部距地面 20～30 厘米处,螺旋式锯 3～4 个锯口,深度达木质部 1 厘米左右,让伤流液流出（即放水）。如伤流过多,也可于接头基部再做

120

1～2个放水口。嫁接部位直径粗度以5～7厘米为宜,最粗不超过10厘米,过粗不利于砧木接口断面愈合。

2. 嫁接时期和方法 嫁接时期从芽萌动至末花期均可(我国北方地区多为4月中下旬或5月初)。各地可根据当地的物候期等情况确定适宜时期。嫁接方法以插皮舌接法为好,依砧木的粗细,每个接头可插1～5个接穗。实践证明,砧桩直径为2～5厘米时,可插1～2个穗,5～8厘米时插2～3个穗,8～11厘米时插3～4个穗,砧桩较粗的有时插3～5个穗。嫁接3年以后基本上可完全愈合。

3. 接穗保湿 接穗保湿有蜡封接穗法和保湿土袋法两种。保湿土袋法的具体做法是,嫁接完成后用旧报纸从接口往上卷成纸筒包住接穗,筒内装满湿土(或湿木屑、湿蛭石等),然后在纸筒外套上塑料袋,下口封在接口以下绑紧即可。蜡封接穗法操作简便,省工低耗,成活率也较高。

4. 接后管理 一般在接后20天左右,接穗开始萌芽抽枝。土袋法保湿的,应在看到小枝抽生后,即将袋捅破一小口通风,使小枝的嫩梢伸长,通风口应由小渐大,不可一次开口过大,更不能解包,原则是通风宁晚勿早,以防幼芽抽干死亡及袋内湿土干燥。当新梢长至20～30厘米时,应绑支棍固定新梢,以防风折。接后60天检查成活率,并去掉绑缚物。对接口以下萌发的枝条,在接芽未成活前,可暂时保留1～2个,接芽成活后全部剪除。如接芽已死,应进行补接。补接的方法为在未接活砧桩的萌条基部进行芽接或绿枝劈接,芽接时间在5～6月份;枝接时间北方地区为6月中旬至7月份。

5. 改接树的修剪 高接改优后形成的新树冠,由于接枝抽生部位比较集中,发枝较多,若任其自然生长则树冠比较紊乱,难以形成主从分明的树冠结构,早实核桃比晚实核桃的这种现象更为严重。因此,在高接后的3～4年内,应注意主、侧枝的选留,培养新骨架。若接口附近发枝太多,应按去弱留强的原则,及时去除细弱枝,并对保留枝进行适当短截,然后按整形修剪方法培养成合理的树冠。

6. 改接园的管理 对改接的核桃园应加强管理,否则,会因大量结果,营养供应不良而导致树势早衰,产量下降。据"七五"攻关协作组河南试点的研究结果显示,改接后管理与不管理的树相比,改接后 5 年坚果平均株产量可相差 3 倍(表 6-1)。

表 6-1 栽培管理措施对改接树产量的影响

项 目	调查株数	树 势	改接后逐年平均产量(千克)					
			第一年	第二年	第三年	第四年	第五年	五年平均
间作中耕除草	128	旺	0.45	2.35	2.48	3.37	3.45	2.42
不管理	50	弱	0.42	1.37	0.41	0.54	0.29	0.61
未改接(对照)	48	旺	0.10	0.31	0.09	0.44	0.45	0.23

(二)改善立地条件

对于土壤条件较差、水土流失严重的核桃园,尤其是那些尚处于中幼龄树阶段,具有较大发展潜力的核桃园,应及时改善其不良的立地条件,为核桃生长发育创造良好的环境。具体改良办法:一是加强水土保持,如修筑梯田、挖撩壕、鱼鳞坑等。有条件时可在梯田埂、壕边上种植紫穗槐、沙打旺等多年生绿肥作物,以固土保水和增加肥源。二是翻耕改土,扩大根系的活动范围,每年挖扩树盘,直到树盘相接为止。翻土深 60 厘米、宽 50 厘米,在回填土时要把表土填入底层,如能分层压入绿肥则更为理想。

(三)加强果园管理

对于盛果期核桃大树,如果长期管理不善,树势会逐渐衰弱,且极易发生严重的病虫危害,致使产量大幅度下降。此类果园需要实施综合管理技术措施,恢复树势,提高产量。主要技术措施有以下几项。

1. 加强土肥水管理 在秋末冬初进行全园翻压,平地核桃园,以机耕为佳,深度在 20 厘米左右。如在夏季翻压,可稍浅些,以免过多地伤根而影响树体生长。翻压既能疏松土壤,消除土壤板结状况,又可将杂草压入土中,待雨季沤熟后增加土壤肥力。对多年弃管的弱树来说,加强土肥水管理尤为重要。施肥以厩肥、氮肥为主,并以二者同时施用效果为好。在草原多的山区也可就近堆沤绿肥或树盘压青。追肥宜早春施 1 次速效性氮肥,这样有利于前期生长和雌花芽的形成。施肥量应高于正常树,并于施肥后立即灌水。

2. 调整树冠结构 放任生长的低产树,由于多年不剪,大多表现为树冠内膛空虚,结果部位外移,枯枝较多;或枝条过多,树冠郁闭,通风透光不良;还有的树冠大枝过多,结果枝很少。这类树改造时应因树制宜,适树修剪。具体做法:一是注意调整树形。对有明显主干的植株,可调整成主干疏散分层形,将树冠分成 2~3层,共保留 5~7 个主枝。无明显主干者,可调整成自然开心形,交错留 3~4 个主枝。二是调整侧枝数量和分布。侧枝的选留应考虑到结果枝组的培养,总的原则是分布均匀,疏密适当,有利于生长和正常结果。三是处理外围枝。剪除外围的下垂枝和冗长细弱枝,有空间者可重回缩以促发壮枝。剪除干枯枝、重叠枝、交叉枝、过密枝及病虫枝,保留生长健壮的外围枝,并使之分布均匀。如果外围枝大部分为短果枝、雄花枝,可适当疏除或回缩。四是注意培养结果枝组,主要是在树冠内部,相隔适当的距离培养若干结果枝组,增加结果部位。

此外,调整树冠时应注意,对壮旺树需要疏除较多大枝时,应分年分批剪除,以免一次疏除过多,造成过旺生长。经过改造的大树,内膛易萌发许多徒长枝和发育枝,可根据空间和枝条的生长情况,采取先放后缩或先截后放的方法将其培养成健壮的结果枝组。

3. 多项栽培技术综合应用 综合技术措施指所有能够促进核桃树生长和结果的各项管理措施的综合应用。实践证明,与施用单项技术措施相比,综合技术更有利于提高核桃的产量。例如,河南省林县于 1984—1987 年对 2.12 万株核桃树采取修剪、深翻改土、放树盘、高接换优、病虫害防治等综合管理措施,产量提高 134.5% 以上,投入产出比为 1∶29.5。河南省核桃综合技术研究协作组于 1984—1988 年对结果大树进行综合技术(扩盘、中耕、施肥、修剪、防治病虫等)管理,使产量较对照树增加 4 倍以上。河北农业大学与涞水县林业局合作于 1982—1985 年采用综合管理技术,使 1 009 株 40~80 年生核桃大树低产变高产,综合管理后第三年产量提高 40%,好果率提高至 99.1%。"七五"攻关协作组于 1987—1990 年在北京市和山西省分别进行了配套栽培措施研究,结果表明,组装配套技术(包括翻耕、施肥、疏雄、修剪、种绿肥等不同处理组合),不仅可以促进放任多年核桃大树的生长和大幅度提高产量(123%~279%),而且还能提高土壤有机质含量,改善土壤肥力状况。

五、密植丰产园管理

密植丰产是现代果树栽培的一大趋势,具有收益高、见效快、适于集约化经营管理等优点。核桃密植丰产栽培技术,20 世纪 70 年代在我国的山东、辽宁等地开展过小面积试验。近年来,随着生产条件的改善和核桃品种化、良种化的发展,核桃密植丰产技术日益引起人们的重视,各地已相继建成一批核桃密植丰产园。例如,辽宁省经济林研究所,利用辽宁 1 号早实核桃品种营建的密植园,6 年生树每 667 米² 产量 211.3 千克,8 年生树每 667 米² 产量 277.2 千克。可以预见,随着核桃商品化发展的要求,核桃生产将逐渐实现大面积基地化,密植丰产园的建设必将得到更大的发展。

(一)密植丰产园的产量标准

早实、密植、丰产是密植丰产园建设的基本特点,其中丰产是主要目的;一切栽培技术措施都应围绕这一目标来制定和实施。丰产标准的确定主要依据核桃树的结实规律、立地条件和栽培管理水平而定。我国核桃国家标准(GB 7907—87)对密植核桃园的丰产标准规定如表 6-2 所示,可供建园时参考。

表 6-2   密植核桃园丰产标准

树龄(年)	5	7	10	14	20
产量(千克/667 米²)	45	75	105	150	225

(二)密植丰产园对品种的要求

核桃密植丰产园建设对品种有特殊的要求,这是由密植丰产园自身的特点决定的。具体要求有以下几项。

1. 早结果   密植丰产园栽培密度大,要求所用品种必须具有早实性,一般应于栽后 1~3 年开花结果。近 30 年来,我国从新疆、陕西等地早实核桃类群中已选育出几十个早实核桃优良品种或优良品系,为核桃早实丰产提供了前提条件。

2. 早丰产   密植园的丰产性主要取决于两个基本要素,一个是单位面积上的栽植密度,另一个是所用品种的丰产性能。这里的丰产性不仅指产量高,而且还要求早期丰产性好。这是因为只有当单位面积栽植密度大,所用品种早期丰产性好时,密植园才能见效快,收益高。早期丰产性好的品种特点是分枝力强,一般 2～3 年生树已开始大量分枝,多呈短枝型,结果枝比例高,可占总枝量的 85% 以上。

3. 树体偏矮、树形紧凑 密植丰产园由于栽植密度大,故要求所用品种树体矮小紧凑。紧凑型品种表现为枝条短、节间短。例如,辽宁省经济林研究所培育的辽宁 2 号核桃品种,采用矮化栽培技术 5 年生树高只有 1.5 米,相当于正常早实核桃树高的 1/2,加之枝条短,树冠小,产量高,很适宜于密植栽培。

4. 抗病性 密植丰产园栽植密度大,肥水条件好,园内湿度大,通风透光条件相对较差,极易诱发各种病虫害,故所用品种应表现出良好的抗病性。

5. 品质优良 密植丰产园结果早,产量高,商品化生产程度高,故所用品种应保证品质优良,在市场上有竞争力,以提高产品的商品价值和果园的经济效益。

(三)密植丰产园栽培技术要点

1. 选择合适园址 密植丰产栽培对土肥水条件要求比一般生产标准高,所以选园址时应尽量选择地势平坦,土壤深厚肥沃,具备排灌条件,背风向阳,交通方便和便于实施各种作业的地方建园。

2. 细致整地 栽植前,应根据所选园地的地形和土壤特点,因地制宜进行整地。坡地建园,应先修水平梯田,然后在梯田面上按一定株行距挖栽植坑或栽植沟。平地建园,应先将土壤深翻熟化,整平后挖栽植坑或栽植沟。栽植坑的大小为长、宽各 1 米,深 0.8 米;栽植沟宽为 1 米,深 0.8 米。栽植坑或栽植沟回填土时要混拌农家肥,每株用量 50 千克左右。

3. 选用健壮嫁接苗 选择良种壮苗是关系到密植丰产园成败的关键。为保持良种的一致性,必须采用优良品种嫁接苗木,不可用实生苗。生产上既可直接用健壮的嫁接苗建园,也可先定植发育健壮的砧木苗,翌年再嫁接良种,直接用嫁接苗建园成本低,收效快。无论采用哪种方法,都要保证苗木的健壮和整齐一致性,不可使苗木大小、强弱参差不齐。

4. 合理密植 制定合适的栽植密度是密植丰产园建园的关键步骤。单位面积栽植株数的多少,直接决定着核桃园的整体产量。有研究表明,幼龄核桃园在一定年限内,产量随密度的加大而提高,如株行距 2 米 × 3 米(每 667 米^2 111 株)和株行距 3 米 × 3 米(每 667 米^2 75 株)与株行距 4 米 × 6 米(每 667 米^2 28 株)相比,前两者 5 年生树产量分别是后者的 4.8 倍和 2.8 倍。当然,并非密度越大越好,即使早期密度合适,随着树龄的增长,树体不断扩大,后期必然因树体搭接或互相遮阴,影响通风透光而不利于开花结果。为了达到早期丰产和后期高产稳产的目的,生产上可以采取计划密植栽培法,即开始建园采用中高密度(50～100 株及以上/667 米^2),当树体即将互相遮阴时再间伐成低密度(30 株左右/667 米^2)。具体的栽培密度应依园地的立地条件、品种特性以及当地管理水平而定。一般初始密度在每 667 米^2 40～80 株(株行距为 3 米×5 米～2.5 米×3 米)。在此种密度条件下,利用短枝型品种,辅之以每年适当修剪来推迟郁闭期,核桃园可以维持10～15 年,每 667 米^2 年产量可在 200 千克以上。此后便可依据郁闭程度,适度间伐。

5. 增施肥料与疏花疏果 增施肥料是密植丰产园高产稳产的保证。施肥的依据是土壤养分状况、每 667 米^2 株数、树体生长势以及结实量的多少等。一般每年每 667 米^2 应施入农家肥 2～3 吨,追施化肥(以氮、磷、钾复合肥为准)30～40 千克。农家肥应在晚秋或早春施入,追肥分 2～3 次施入,一般在开花前、果实硬核前和果实采收后追肥。除及时施肥外,对一些坐果率高,年年挂果较多的品种应及时疏除一些雌花或幼果,以减少养分的消耗,保证生

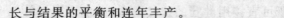

长与结果的平衡和连年丰产。

6. 适时灌水 保证足够的水分供应,是提高产量、改善品质必不可少的条件。尤其在果实迅速生长期,如果缺水,会直接影响坚果的发育,导致坚果变小和核仁干瘪。密植园因单位面积株数多,结果量大,对水分的需求量比稀植园要多,因此要保证在核桃整个生长期内的水分供应。具体的灌水时间和次数,可根据当地的实际情况而定。

7. 整形修剪 密植丰产园由于栽植密度较大,培养良好的树形,控制枝条的迅速扩展显得更为重要。通常定干高度为50厘米左右,以主干分层形的树冠结构为宜,一般不宜整成开心形树冠。总的修剪原则是充分利用空间和光照条件,树形应有利于早期丰产,持续丰产。具体修剪方法可参考核桃修剪部分相关内容。

8. 病虫害防治 核桃密植丰产园病虫害防治,应做到预防为主,防治结合,否则会导致大幅度减产。具体防治方法详见病虫害防治部分相关内容。

综上所述,核桃密植丰产园的主要管理技术,总的来看,密植丰产园与稀植园相比,需要投入较多的人力、物力和较高的技术措施。为实现密植丰产园高产稳产、优质高效,应尽可能实行集约化生产管理,从建园到整形修剪,肥水管理,深翻改土,中耕除草,保花保果,病虫害防治以及采收加工等各个环节都应制定出具体的实施计划,并有专人负责并定期检查落实情况,以确保密植丰产园有较长的盛果期和持续的高效益。

第七章 核桃病虫害防治技术

核桃树与其他果树相比,病虫害种类较少。但由于多数核桃园建在山区或丘陵地区,病虫害防治困难较大。

一、主要病害及防治

(一)核桃炭疽病

核桃炭疽病在河南、河北、陕西、山西、新疆、辽宁、云南、四川等核桃产区均有发生,一般年份果实受害率20%以上,个别年份达到90%以上。

1. 危害症状 主要危害叶片和果实,果实受害后出现褐色至黑褐色圆形或近圆形病斑,中央下陷且有小黑点,呈同心轮纹状。湿度大时,病斑呈粉红色凸起。病斑多连成片,使果实绿皮变黑腐烂,叶片病斑呈不规则状。严重时落果落叶,影响果实产量和质量,造成树体衰弱。叶片发病后,遇晴天干燥,病斑干枯,不再发展;遇阴雨天病斑继续扩大,连片后成枯叶。果实发病早,易落果;发病晚,青皮部分变黑,果壳浅白色,果仁干瘪。

2. 发病规律 病菌以菌丝体和分生孢子在病果、病叶、芽鳞中越冬。翌年春季产生分生孢子,借风雨、昆虫等传播,从伤口、气孔、皮孔侵入,发病产生分生孢子又可再侵染,发病期为6~8月份。阴雨季节、湿度大、树势弱、通风透光条件差发病严重。品种间感病程度差异大,新疆核桃品种易感病,早实品种发病重。

3. 防治方法 ①清除病原。采收后清除病果、病叶、病枝和落叶,减少病原传染。②发病前喷药预防。可于惊蛰前后全树喷施 3～5 波美度石硫合剂,5 月下旬全树喷施 1∶1∶200 波尔多液,以后每 15～20 天再喷 1 次。③发病期防治。发病初期及时喷施 50％多菌灵可湿性粉剂 1 000 倍液,或 75％百菌清可湿性粉剂 600 倍液,或 1∶1∶200 波尔多液,交替喷施。④增施有机肥,加强管理,增强树势,合理控制栽植密度,改善通风透光条件。⑤选用抗病品种。

(二)核桃黑斑病

核桃黑斑病在我国核桃产区均有发生,以河南、河北、山西、云南、四川、陕西等核桃产区危害严重。

1. 危害症状 该病主要危害核桃幼果和叶片,也可危害嫩枝、芽和雄花序。幼果受害初出现小而隆起的黑褐色小斑点,后扩大成圆形或不规则形的黑斑并下陷,周围呈水渍状,果实由外向内腐烂。叶片感病最先由叶脉出现三角形或不规则多边形小黑斑,严重时连片穿孔,提早落叶。叶柄、嫩枝上的病斑为长形、褐色、稍凹陷,严重时病斑扩展包围枝条近一圈,使病斑以上枝条枯死。花序受害后,花轴变黑、扭曲,枯萎早落。

2. 发病规律 病原细菌在病枝、芽苞或病果等老病斑上越冬,翌年春季借风雨传播到叶、果及嫩枝上危害。带菌花粉、昆虫等也能传播病菌。病菌由枝干气孔、皮孔、蜜腺及各种伤口侵入,寄主表皮潮湿,温度为 4℃～30℃时,能侵害叶片;5℃～27℃时能侵害果实。潜育期 5～34 天,一般 10～15 天。核桃树在开花期和展叶期最易感病,夏季多雨,发病严重。虫害严重,易发病。发病期为 4～8 月份,可反复侵染发病。

3. 防治方法 ①清除病原。采收后结合修剪清除病果、病叶、病枝和落叶,集中烧毁,减少病原传染。②发病前喷药预防。惊蛰前后开始全树喷施 3～5 波美度石硫合剂,5 月初全树开始喷施 1∶1∶200 波尔多液,以后每 15～20 天补喷 1 次。③发病初期喷施 50％甲基硫菌灵可湿性粉剂 500～800 倍液，或 70％百菌清可湿性粉剂 1 000 倍液，或 1：1：200 波尔多液，交替喷施。④加强害虫防治，减少伤口侵入途径。⑤选栽抗病品种。

（三）核桃溃疡病

核桃溃疡病在河南、河北、陕西、山西、安徽、江苏等核桃产区均有发生。

1. 危害症状　该病多发生在树干及主、侧枝基部。在幼树或光滑的树皮上，病斑呈水渍状或为明显的水疱，破裂后流出褐色黏液，遇空气后黏液变成黑褐色，随后病斑干缩下陷，中央开裂，病部散生许多小黑点，严重时病斑相连呈梭形或长条形。当病部扩展绕枝干一周时，造成整株树死亡或病枝死亡。秋季干燥气候条件下，病部开裂。在老树皮病斑呈水渍状，中心黑褐色，病部腐烂深达木质部。果实受害后呈大小不等的褐色圆斑，果实早落、干缩或腐烂。

2. 发病规律　以菌丝体在病部越冬，翌年春季气温回升、雨量适中时，形成分生孢子，借风雨传播，于枝干皮孔和伤口侵入，形成新病斑。病菌潜伏期长，一般 1～2 个月，发病树、枝往往是由上年病菌侵入造成的。低温冻害、大风扭伤、干旱树弱均易染病，5～6 月份是病害高发期。干旱、管理差、杂草丛生、树势弱、通风透光条件差、虫害多，发病严重。

3. 防治方法　①加强管理，提高树体的抗病能力。②树干涂白或冬季防寒保护，防冻害和日灼。③刮树皮和病斑，涂抹 3～5 波美度石硫合剂，或涂抹 1％硫酸铜溶液，均有治疗效果。

（四）核桃腐烂病

核桃腐烂病在河南、河北、陕西、山西、新疆、辽宁、云南、四川等核桃产区均有发生，特别是进入结果期的弱树，危害严重，常造成死树。

1. 危害症状 主要危害核桃枝干,导致枯枝、死树。幼树受害后,病部深达木质部,初期呈灰色梭形病斑,手指压流出褐色液体,有酒糟味。中期病部干陷,病斑散生许多小黑点,即分生孢子器。最后病部干裂,流出大量黑色液体,病斑绕枝干一周后,枝干或全株死亡。成年树因树皮厚,病部在韧皮部腐烂,病斑呈小岛状串联,周围集结大量菌丝层,一般外表看不出明显症状。当发现皮层向外流黑色液体时,皮下已扩展为较大面积的溃疡面。

2. 发病规律 病菌以菌丝体和分生孢子器在枝干病部越冬。翌年春季环境条件适宜时产生分生孢子,借风雨、昆虫等进行传播,从伤口侵入。病斑扩展主要在4月中旬至5月下旬,有时7月份干旱发病也较严重。树势弱、土壤瘠薄、水肥不足、结果量大、冻害发病严重,一般早实核桃发病比晚实核桃重,结果多的树比结果少或不结果的树发病重。

3. 防治方法 ①加强栽培管理,增施有机肥,合理灌溉,控制结果量,强壮树势,提高抗病能力。②对伤口、剪口及时涂抹3~5波美度石硫合剂,防止病菌入侵。③春秋季节大枝和树干涂白或刷石硫合剂预防发病,发病后用利刀将病部纵切和横切,深达木质部,涂抹8~10波美度石硫合剂加少量五氯酚钠混合剂,防治效果很好。

(五)核桃枝枯病

核桃枝枯病在河南、河北、陕西、山西、山东、辽宁等核桃产区均有发生。

1. 危害症状 病菌先侵害顶梢嫩枝,然后向下蔓延至大枝和主干。受害枝条的皮层初期呈暗灰色,后变成浅红褐色,最后呈深灰色死亡,在枯枝上形成许多黑色小粒即分生孢子盘。受害枝条上的叶片逐渐变黄脱落。湿度大时,大量孢子从孢子盘涌出,呈黑色短柱状,随湿度增大而软化,流出黏液,形成圆形或椭圆形黑色瘤状突起的孢子团块,内含大量的分生孢子。1~2年生枝染病从顶部向主干逐渐干枯。

2. 发病规律　病菌以菌丝体和分生孢子盘在枝条发病部位越冬,翌年环境条件适宜时,产生孢子,借风雨、昆虫等传播,从伤口侵入。病菌是一种弱寄生菌,生长衰弱的枝条发病严重,早实品种和结果多的植株发病重,放任生长树结果部位外移快,其下部结果枝易感病枯死,造成下部光秃。

3. 防治方法　①清除病原。采收后清除病枝和落叶,集中烧毁,减少病原传染。②主干发病刮除病斑,并用1%硫酸铜溶液或3波美度石硫合剂消毒伤口,外涂伤口保护剂。树干涂白,防冻、防旱、防虫,减少伤口,避免病菌入侵。③发病初期喷施50%多菌灵可湿性粉剂1 000倍液,或75%百菌清可湿性粉剂600倍液,或1:1:200波尔多液,交替喷施。④增施有机肥,加强管理,增强树势,合理控制栽植密度,改善通风透光条件。

（六）核桃白粉病

核桃白粉病在核桃产区均有发生。

1. 危害症状　主要危害核桃叶、幼芽和新梢。叶片受害表面和背面出现薄片状白粉层,秋季在白粉层中生出褐色至黑色小颗粒。发病初期叶片呈黄白色斑块,严重时叶片扭曲皱缩,提早落叶。幼苗受害后,植株矮小,顶端枯死,严重时整株枯死。

2. 发病规律　病菌在脱落的病叶上越冬,7~8月份发病,从气孔多次侵染。温暖干旱、生长过旺、枝条不充实易发病,嫩梢易发病。核桃园间种秋季蔬菜,发病重。

3. 防治方法　①清除病原。清除病叶和落叶并烧毁,减少病原传染。合理施肥与灌水,加强树体管理,提高抗病力。②发病初期喷施50%甲基硫菌灵可湿性粉剂1 000倍液,或25%三唑酮可湿性粉剂 500 倍液,或 1:1:200 波尔多液,交替喷施。

(七)核桃褐斑病

核桃褐斑病在河南、河北、陕西、山西、辽宁、云南、四川等核桃产区均有发生。

1. 危害症状 主要危害核桃叶、嫩梢和果实。叶片受害病斑呈近圆形或不规则形灰褐色斑块,直径 0.3～0.7 厘米,中间灰褐色,边缘不明显为黄绿色至紫色,病斑上有黑褐色小点,即分生孢子盘与分生孢子,呈同心轮纹状排列。严重时病斑连在一起,致使叶片部分枯死落叶。嫩梢受害病斑呈长椭圆形或不规则形,稍凹陷,边缘褐色,中间有纵裂纹。后期病斑上产生散生小黑点,严重时枯梢。果实受害病斑比叶片病斑小、凹陷,扩展后果实变黑腐烂。

2. 发病规律 病菌在叶片或病枝上越冬,翌年春季产生分生孢子,借风雨、昆虫等传播,从伤口、皮孔侵入枝叶和果实。5～8月份发病,阴雨季节湿度大、温度高、通风透光条件差发病严重。秋季病叶发病部位易焦枯,提早落叶。症状与黑斑病相似应注意区别。早实核桃品种和生长势弱的植株易染病。

3. 防治方法 ①清除病原。清除病果、病叶、病枝和落叶并烧毁。②发病前全树喷施 1:1:200 波尔多液,或 50% 甲基硫菌灵可湿性粉剂 800 倍液。

二、主要害虫及防治

(一)核桃举肢蛾

举肢蛾,俗称核桃黑。在山区和丘陵核桃园发生严重,是危害核桃果实的重要害虫。

1. 危害症状　举肢蛾幼虫在核桃青皮果内蛀食多个通道,并把粪便填充在通道内,使被害处青皮变黑,危害早的造成落果;危害晚的种仁变黑,并可在果实内剥出幼虫。

2. 形态特征　成虫为小型黑色蛾子,翅展 13～15 毫米,后足特长,蛰伏时向上举。卵圆形,长约 0.4 毫米,初产时呈乳白色,孵化前为红褐色。幼虫老熟时体长 7～9 毫米,头褐色,体淡黄色。蛹纺锤形,长 4～7 毫米,黄褐色,蛹外有褐色茧,常黏草末及细土粒。

3. 生活习性　核桃举肢蛾在河南、陕西等地 1 年发生 1～2 代,以老熟幼虫在树冠下 1～2 厘米深的土中越冬,翌年 5 月中旬至 6 月中旬化蛹。成虫发生期在 6 月上旬至 7 月上旬,幼虫在 6 月中旬开始危害,7 月份为危害盛期。成虫在两个果实之间的缝隙处产卵,每处产卵 3～4 粒,4～5 天孵化。幼虫蛀果后有汁液流出,呈水珠状。1 个果内有 5～7 条幼虫,最多时达 30 余条。幼虫在果内危害 30～45 天,老熟后从果中脱出,落地入土结茧越冬。举肢蛾的发生与环境条件有密切的关系,低海拔地区每年发生 2 代,高海拔地区每年发生 1 代;多雨年份发生重,荒坡地、管理差的果园发生重。山区果园杂草多,乱石叠加,有利于幼虫越冬和成虫产卵藏匿,防治困难。

4. 防治方法　①消灭虫源。落叶后清除树下枯枝落叶和杂草,刮树干老皮,集中烧毁。翻耕地下土壤,拣出虫子,集中灭杀。摘除和捡拾虫果,集中烧毁或深埋。②生物防治。释放松毛虫赤眼蜂,6 月份每 667 米^2 释放 30 万头赤眼蜂,可有效控制虫口密度。③药剂防治。成虫羽化前,每株树冠下撒 3% 辛硫磷颗粒剂 0.1～0.2 千克,然后浅锄。幼虫孵化期用 25% 灭幼脲 3 号胶悬剂 1 000 倍液,或 50% 敌百虫乳油 800 倍液,或 48% 毒死蜱乳油 2 000 倍液,或 1.8% 阿维菌素乳油 500 倍液喷洒防治,每隔 10 天喷 1 次,连续喷 3 次。

（二）桃蛀螟

桃蛀螟主要危害核桃果实,造成落果减产。主要分布在云南、山西、陕西、甘肃、四川、河南、山东、西藏等地。

1. 危害症状　桃蛀螟危害核桃时,把卵产在两果之间,或叶片贴近果实的地方,幼虫钻入核桃幼果蛀食,蛀孔口堆积颗粒状粪渣,1个果实常有多头桃蛀螟危害,造成烂果、落果。

2. 形态特征　成虫体长约 12 毫米,翅展 22～25 毫米,黄色至橙黄色。卵椭圆形,长约 0.6 毫米,初产乳白色,渐变橘黄、红褐色。幼虫体长约 22 毫米,体色多变,有淡褐色、浅灰色、浅灰蓝色、暗红色等,腹面多为淡绿色。茧长椭圆形,灰白色。

3. 生活习性　桃蛀螟陕西省 1 年发生 3 代,河南省 1 年发生 4 代,长江流域 1 年发生 4～5 代,均以老熟幼虫在玉米、向日葵等残株内结茧越冬。在河南省一代幼虫于 5 月下旬至 6 月下旬危害,以四代幼虫越冬,翌年 4 月初化蛹,4 月下旬进入化蛹盛期,4 月底至 5 月下旬羽化,越冬代成虫卵产在桃树上。

4. 防治方法　①清除越冬幼虫。在每年 4 月中旬,越冬幼虫化蛹前,清除玉米、向日葵等寄主植物的残体,并刮除核桃、苹果、梨、桃等果树翘皮,集中烧毁,减少虫源。拾毁落果、摘除虫果,消灭果内幼虫。②诱杀成虫。在果园内设置黑光灯或用糖醋液诱杀成虫,可结合诱杀梨小食心虫进行。糖醋液配方:红糖 5 份、白酒 5 份、食醋 20 份、清水 80 份,按糖醋液总量的 0.22% 加入 90% 晶体敌百虫。配制方法:先将糖加入水中煮沸,再把白酒、食用醋、敌百虫混入搅拌均匀即可。③药剂防治。一、二代成虫产卵高峰期喷洒 50% 杀螟硫磷乳剂 1 000 倍液,或苏云金杆菌乳剂 600 倍液,或 2.5% 氯氟氰菊酯乳油 3 000 倍液。

（三）桑白蚧

桑白蚧,俗称树虱子。分布在全国各核桃产区,北方核桃产区受害较重。

1. 危害症状 雌虫或若虫群集于枝条或树干上,吸食树体汁液,进入5月份危害最重,排出的粪便在树冠下如雾雨,易招蚜虫。受害树叶片变黄,树势变弱。严重时枝条、树干密布介壳虫,远看枝条呈灰白色。连续多年危害,被害树极度衰弱、绝产,甚至造成枝条或全树枯死。

2. 形态特征 雌成虫橙黄色或橘红色,体长约1毫米,宽卵圆形;介壳灰白色,长2～2.5毫米,近圆形。雄成虫橙黄色或黄色,体长0.65～0.7毫米;介壳灰白色,长约1毫米,呈圆筒形。卵椭圆形,淡橙黄色,长约0.25毫米。若虫扁椭圆形,橙色,体长0.3毫米(图7-1)。

3. 生活习性 北方核桃产区1年发生2代,以受精雌虫在枝条上越冬。翌年核桃萌动时,开始吸食危害,虫体迅速膨大,5月份产卵于雌介壳虫下,每头雌虫产卵40～400粒,卵期约15天。初孵若虫由雌介壳下爬出,分散活动1～2天后,固定在枝条上危害,5～7天便开始分泌出蜡质壳。第一代雌虫6月份开始发生、产卵,第二代若虫8月份孵化,9月份第二代成虫交尾后,以受精雌成虫在枝干上越冬。

4. 防治方法 ①核桃树发芽前喷施5波美度石硫合剂,或3%柴油乳剂加0.1%二硝基苯酚混合液。②第一代若虫孵化盛期,喷0.3～0.5波美度石硫合剂,或2.5%溴氰菊酯乳油800倍液,或1.8%阿维菌素乳油500倍液。③发生严重的果园可结合修剪和刮树皮,剪除被害枝或人工刷除越冬雌成虫。④加强苗木、接穗检疫,防止桑白蚧扩大蔓延。保护红点唇瓢虫等天敌。

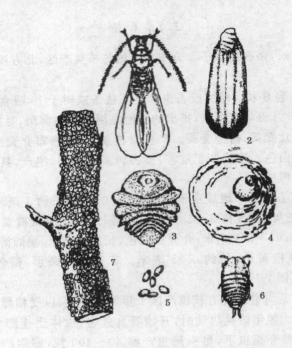

图7-1　桑白蚧

1. 雄成虫　2. 雄虫介壳　3. 雌成虫
4. 雌虫介壳　5. 卵　6. 若虫　7. 危害状

（四）核桃云斑天牛

核桃云斑天牛，又叫铁炮虫。分布在河南、河北、山东、北京、陕西、四川、云南等地核桃产区。

1. 危害症状　幼虫蛀食核桃树枝干，形成刻槽，截断了运输通道，引起伤口流水。成虫羽化后，啃食新梢皮层及幼嫩部位，受害新梢遇风折断呈伞状下垂干枯。受害部位皮层稍开裂，从虫孔排出粪屑，危害后期皮层开裂，成虫羽化孔多在上部，呈较大的圆孔。

2. 形态特征 成虫体长 40～46 毫米,体黑色或灰褐色,密被灰色绒毛,头部中央有一纵沟。卵长椭圆形,土黄色,长 6～10 毫米,卵壳硬、光滑。幼虫体长 70～90 毫米,淡黄白色,头部扁平,半截缩于胸部。蛹长 40～70 毫米,淡黄白色。

3. 生活习性 该虫 2～3 年发生 1 代,以幼虫在树干内越冬,翌年 4 月中下旬开始危害枝干,幼虫老熟后在隧道的一端化蛹,蛹期 1 个月左右。在核桃雌花开放时,咬成 1～1.5 厘米大的圆形羽化口而出,5 月份为成虫羽化盛期。成虫在虫口附近略停留便上树取食枝皮和树叶,补充营养。成虫多夜间活动,白天喜栖息在树干及大枝上,受惊吓落地有假死性,能多次交尾。5 月份成虫开始产卵,一般在离地面 2 米以下 10～20 厘米粗的树干上产卵,也有的在粗皮上产卵。6 月份为产卵盛期,卵期 10～15 天。初孵化幼虫在皮层内危害,20～30 天幼虫蛀入木质部,随虫龄增大危害加剧。幼虫期 12～14 个月,翌年 8 月份老熟幼虫在虫道顶端做椭圆形蛹室化蛹,9 月下旬成虫羽化,留在蛹室内越冬。第三年核桃发枝时,成虫从羽化孔爬出上树危害。

4. 防治方法 ①人工捕杀。白天观察核桃树的叶、枝,发现有小嫩枝被咬破且呈新鲜状,人工振落直接捕杀。成虫产卵时,发现产卵刻槽,用锤击打,或在槽中滴 2 滴 50% 敌敌畏乳油 50 倍液杀灭。幼虫蛀入树干内,以虫粪为标记,用细铁丝,从虫孔插入,钩杀幼虫。②用黑光灯诱杀。利用成虫趋光性和假死性,晚上用黑光灯引诱捕杀。③药剂防治。冬季或产卵前,用石灰乳涂抹树干,防止产卵并杀死幼虫。发现虫孔,用一次性注射器注入 50% 敌敌畏乳油 30 倍液,再把虫孔堵塞,杀灭幼虫。

(五)核桃横沟象

核桃横沟象,也叫根象甲。在河南省的西部、陕西省的商洛地区、甘肃省的陇西等地均有发生,以坡底沟洼和村旁的核桃园发生较多。

1. 危害症状　幼虫进入树根颈部皮层中串食,破坏树体输导组织。初始无虫粪和树液流出,留有黄豆粒大小的成虫羽化孔。受害严重时,皮层内虫道相连,充满黑褐色粪粒及木屑,被害树皮纵裂,流出黑色树液,使树势减弱或枯死。

2. 形态特征　成虫黑色,体长 12～16 毫米,头管约占体长的 1/3,前端着生膝状触角。卵椭圆形,长 1.4～2 毫米,初产时乳白色,孵化期黄褐色。幼虫长 15～20 毫米,黄白色,向腹面弯曲。蛹为裸蛹,黄白色,长 14～17 毫米。

3. 生活习性　该虫在河南、陕西、四川等核桃产区 2 年发生 1 代,以幼虫和成虫在根际皮层内越冬。经越冬的老熟幼虫 4～5 月份于虫道末端化蛹,蛹期 17 天左右。初羽化的成虫不食不动,在蛹室停留 10～15 天,然后爬出羽化孔,经 34 天取食树叶、根皮,5～10 月份为产卵期。90％的幼虫集中在表土下 5～20 厘米处,在侧根距主干 140～200 厘米处危害。幼虫危害期长,每年 3～11 月份均能蛀食,12 月份至翌年 2 月份为越冬期。

4. 防治方法　①根颈部涂石灰浆。成虫产卵前,将根颈部土壤挖开,涂抹浓石灰浆,然后封土,阻止成虫在根颈部产卵,有效期 2～3 年。②刮根颈粗皮。冬季结合翻树盘,挖开根颈泥土,刮去根颈粗皮,降低根部湿度,创造不利于卵发育的环境,或在根颈部灌入人粪尿后封土,杀虫效果好。③根颈喷药。4～6 月份挖开根颈泥土,用斧头每隔 10 厘米砍破皮层,用 90％晶体敌百虫 300 倍液涂抹,封土毒杀幼虫和蛹。6～8 月份成虫发生期,树上喷洒 50％杀螟硫磷乳油 1 000 倍液。

(六)长足象

长足象,也叫核桃果象甲。主要分布于河南省伏牛山和陕西省秦岭山区,危害核桃果实。

1. 危害症状 成虫危害果实,果皮干枯变黑,果仁发育不全。成虫产卵于果实中,造成严重落果。也可危害幼芽和嫩枝。

2. 形态特征 成虫体长 10 毫米,墨黑色,略有光泽,头部延长成管状。卵长椭圆形,长约 1.3 毫米,初产时为乳白色,后变为黄褐色或褐色。老熟幼虫体长约 12 毫米,乳白色。蛹体长约 13 毫米,黄褐色(图 7-2)。

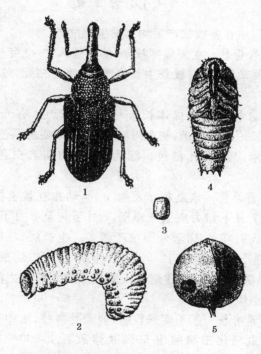

图 7-2 长足象

1. 成虫 2. 幼虫 3. 卵 4. 蛹 5. 危害状

3. 生活习性 该虫每年发生 1 代,以成虫在向阳处的杂草或表土内越冬。4 月下旬成虫上树危害,6 月份产卵、化蛹、孵化,然后羽化,危害核桃幼枝顶芽,11 月份越冬。成虫有假死性。

4. 防治方法 ①人工捕捉。利用成虫假死性,在成虫盛发期于清晨或傍晚摇树振落,捕捉杀死。摘除或捡拾虫果,烧毁或深埋。②成虫出现到幼虫孵化期,用 50% 杀螟硫磷乳剂 1 000 倍液喷施防治。

(七)小吉丁虫

小吉丁虫在各核桃产区均有发生和危害。

1. 危害症状 主要危害枝条,幼虫蛀入 2～3 年生枝条皮层,螺旋形串圈危害,受害枝条生长变慢,严重时枯死,危害部位膨大突起。

2. 形态特征 成虫体长 4～7 毫米,黑色,有光泽。卵椭圆形、扁平,长约 1.1 毫米,初产时乳白色,逐渐变为黑色。幼虫体长 7～20 毫米,扁平,乳白色。蛹为裸蛹,初期乳白色,羽化时为黑色。

3. 生活习性 该虫每年发生 1 代,幼虫在被害枝中越冬。6 月上旬至 7 月下旬为成虫产卵期,7 月下旬至 8 月下旬为幼虫危害盛期。成虫喜光,树冠外围枝产卵多。生长弱、枝梢稀、透光好的树受害重。成虫寿命 12～35 天,卵期 10 天。幼虫孵化后蛀入皮层危害,随虫龄增长,逐渐深入到皮层和木质部之间危害,直接破坏输导组织。

4. 防治方法 ①果实采收后,剪除受害枝,集中烧毁,减少虫源。②成虫羽化出洞前用 90% 晶体敌百虫 200～300 倍液,或 50% 敌敌畏乳油 500～600 倍液封闭树干。从 5 月下旬开始每 15 天用 50% 敌百虫乳油 600 倍液,或 25% 甲萘威乳油 600 倍液喷施防治。

（八）黄须球小蠹

黄须球小蠹，也叫小蠹虫。在陕西、河南、河北、四川等核桃产区均有发生。

1. 危害症状 以成虫和幼虫食核桃枝梢和芽，常与核桃举肢蛾、小吉丁虫同时危害，加速枝梢和芽的枯死，严重时顶芽全部被害，造成减产甚至绝产。以生长在坡地或土层瘠薄生长势衰弱的树受害严重。同一树上，枝、芽下部受害重，树冠外缘枝、芽比内膛受害严重。

2. 形态特征 成虫椭圆形，长 2.3～3 毫米，初羽化黄褐色，后变黑褐色。卵椭圆形，长约 0.1 毫米，初产时白色，后变黄褐色。幼虫椭圆形，体长 2.2～3 毫米，乳白色，无足。蛹为裸蛹，圆球形，羽化前黄褐色（图 7-3）。

3. 生活习性 该虫 1 年发生 1 代，以成虫在顶芽内越冬。翌年 4 月上旬开始活动，4 月下旬至 5 月上旬为产卵盛期，7 月上中旬为羽化盛期，即成虫危害盛期，1 个成虫从羽化到越冬可食害顶芽 3～5 个。

4. 防治方法 ①采收后到落叶前，结合修剪，剪除虫枝烧毁，消灭越冬虫卵。②核桃发芽后，在树上成束悬挂半干枝条，每树挂 3～5 束，诱集成虫在此产卵，成虫羽化前将枝条取下烧毁。③6～7 月份结合防治举肢蛾、刺蛾和瘤蛾，每隔 10～15 天喷 1 次 25% 甲萘威乳油 600 倍液，或 2.5% 溴氰菊酯乳油 800 倍液，或 50% 杀螟硫磷乳油 1 000～1 500 倍液。

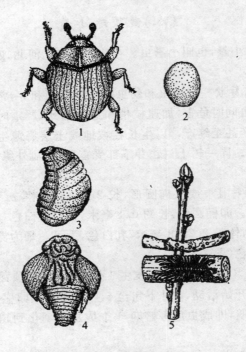

图7-3 黄须球小蠹

1. 成虫 2. 卵 3. 幼虫 4. 蛹 5. 被害状

(九)草 履 蚧

草履蚧,也叫草鞋蚧。在我国大部分核桃产区均有发生。

1. 危害症状 吸食树液,树体衰弱,枝条枯死,叶片早落。

2. 形态特征 雌成虫无翅,体长约10毫米,扁平椭圆形,灰褐色,形似草鞋。雄成虫体长约6毫米,紫红色,触角丝状,黑色。卵椭圆形,暗褐色。若虫与成虫相似。雄蛹圆锥形,淡红紫色,长约5厘米,外被白色蜡状物(图7-4)。

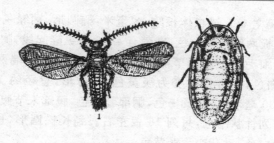

图 7-4 草履蚧
1. 雄成虫　2. 雌幼虫

3. 生活习性　该虫每年发生 1 代,以卵在树干基部土中越冬。初龄若虫行动迟缓,天暖上树,上树前在树干基部群集。上树后在 1～2 年生枝条上吸食树液。雌虫经过 3 次蜕皮变成成虫,雄虫第二次蜕皮后不再取食,下树在树皮缝、土缝、杂草中化蛹。蛹期 10 天左右,4 月下旬至 5 月上旬羽化,与雌虫交尾后死亡。雌成虫 6 月份前后下树,在根颈部土中产卵后死亡。

4. 防治方法　①树干绑黏虫胶带。在若虫未上树前,于 3 月初在树干基部刮除老皮,绑黏虫纸,或涂宽 15 厘米的黏虫胶,或绑 20 厘米宽光滑的玻璃纸,阻止害虫上树。②若虫上树前,用 6% 柴油乳剂喷洒根颈周围土壤。采果至土壤结冻或翌年早春进行树下土壤翻耕,或每 667 米^2 在树冠下撒施 5% 辛硫磷粉剂 2 千克。若虫上树后全树喷洒 48% 毒死蜱乳油 1 000 倍液,或 25% 甲萘威乳油 600 倍液防治。

(十)铜绿金龟子

铜绿金龟子的幼虫叫蛴螬,各地核桃产区均有发生。

1. 危害症状　幼虫主要危害根系,成虫取食叶片、嫩枝、幼芽等,将叶片吃成缺刻或光秆。

2. 形态特征 成虫体长约 18 毫米,椭圆形,铜绿色,有光泽。头、前胸背板两侧缘黄白色,翅鞘有 4～5 条纵隆起线,胸部腹面黄褐色,密生细毛。足的胫节和跗节红褐色。腹部末端两节外露。卵初产乳白色,近孵化时变为淡黄色,圆球形,直径约 1.5 毫米。幼虫体长 30 毫米,头部黄褐色,胴部乳白色,腹部末节腹面除钩状毛外,有两列针状刚毛,每列 16 根左右。蛹长椭圆形,长约 18 毫米,初为黄白色,后渐变为淡黄色。

3. 生活习性 该虫每年发生 1 代,幼虫在土壤中越冬。翌年春季幼虫危害根部,5 月份化蛹,成虫出现期为 6～8 月份,6 月份是成虫危害盛期。成虫喜光,夜间取食,有假死性。

4. 防治方法 ①成虫危害盛期,用黑光灯或诱虫灯诱杀。也可用红糖 1 份、醋 2 份、白酒 0.4 份、30％敌百虫 0.1 份、水 10 份配制糖醋液诱杀。②利用假死性,振落后集中灭杀。③药剂防治。每 667 米^2 用 2.5％敌百虫粉剂 1.5～2 千克,地面撒施,或用 90％晶体敌百虫 1 000 倍液喷洒树冠防治。

(十一)核桃缀叶螟

1. 危害症状 核桃缀叶螟,也叫卷叶虫。幼虫卷叶取食危害,严重时可把叶片吃光。

2. 形态特征 成虫体长约 18 毫米,翅展约 40 毫米,全身灰褐色。卵扁椭圆形,呈鱼鳞状集中排列卵块。老熟幼虫长约 25 毫米,头及前胸背板黑色有光泽。蛹长约 18 毫米,黄褐色或暗褐色。茧扁椭圆形,长约 18 毫米,形似柿核,深红褐色。

3. 生活习性 该虫每年发生 1 代,老熟幼虫在土中做茧越冬,距树干 1 米的范围内占 90％以上,入土深 10 厘米左右。6 月中旬至 8 月上旬化蛹,7 月中旬开始出现幼虫,7～8 月份为幼虫危害盛期。成虫白天静伏,夜间活动,将卵产在叶片上,初孵幼虫聚集危害,用丝黏合很多叶片成团,幼虫居内啃食叶片,老熟幼虫白天静伏,夜间取食。一般树冠外围枝、上部枝危害重。

4. 防治方法 ①深翻树盘,消灭越冬害虫。剪除带虫枝叶,消灭幼虫。②7月下旬用25%灭幼脲3号胶悬剂2 000倍液,或50%杀螟硫磷乳油1 000倍液喷施防治。

(十二)芳香木蠹蛾

1. 危害症状 该虫发生范围广,各地核桃产区多有发生。幼虫先在枝干皮层下蛀食,使木质部与皮层分离,极易剥落,在木质部的表面蛀成槽状蛀坑。虫龄增大后,常分散在树干的同一段内蛀食,并逐渐蛀入髓部,形成粗大而不规则的蛀道。

2. 形态特征 成虫全身灰褐色,腹背略暗,体长30毫米左右,翅展56~80毫米。卵初产时近白色,孵化前暗褐色,近卵圆形。幼虫扁圆筒形,初孵化时体长3~4毫米,末龄体长56~80毫米,胸部背面红色或紫茄色,具有光泽,腹面黄色或淡红色。

3. 生活习性 芳香木蠹蛾在河南、陕西、山西、北京等地2年完成1代。以幼虫在被害树木的蛀道内和树干基部附近的土内越冬。越冬老熟幼虫于4~5月份化蛹,6~7月份羽化出成虫。成虫多在夜间活动,有趋光性。卵多产于树干基部1.5米以下土壤或根茎结合部的裂缝或伤口边缘等处。幼虫孵化后即从伤口、树皮裂缝或旧蛀孔等处钻入皮层危害,排出细碎均匀的褐色木屑,此阶段常见10余头或几十头幼虫群集危害。9月下旬至10月上旬,幼虫老熟,爬出隧道,在根际处或离树干几米外向阳干燥处深约10厘米的土壤中结伪茧越冬。老熟幼虫爬行速度较快,遇到惊扰分泌出一种有芳香气味的液体,因此而得名。

4. 防治方法 ①在成虫产卵期,树干刷涂白剂,防止成虫产卵。②5~10月份幼虫蛀食期,用40%乐果乳油25~50倍液注孔1次,注至药液外流为止,然后用泥封口,可杀死干中幼虫。③当发现根颈皮下部有幼虫危害时,可撬起皮层捕杀幼虫。④加强植物检疫,严禁传入新核桃产区。

(十三)红蜘蛛

1. 危害症状 以若螨、成螨在叶背吸食汁液,严重时叶片失绿变黄焦,提早落叶。

2. 形态特征 成螨体长 0.37～0.44 毫米,椭圆形,深红色。卵球形,初产时无色透明,渐变橘红色。幼螨足 3 对,若螨足 4 对,前期近卵圆形,后期与成螨相似。

3. 生活习性 截形叶螨以雌成虫在土壤缝隙中越冬,翌年春出土后先在其他寄主上危害繁殖,6 月份以后干旱季节危害核桃树;朱砂叶螨,每年发生 12～15 代,雌成螨在枯枝落叶和树皮缝隙等处越冬。气温升高开始繁殖危害,7～8 月份危害核桃树较重;二斑叶螨,每年发生 12～13 代,雌成螨在树皮下、粗皮缝隙、杂草、落叶、土缝等处越冬,温度升高后开始危害核桃树,6～8 月份危害严重。

4. 防治方法 ①刮除树皮,清除枯枝落叶、杂草,消灭越冬虫源。②惊蛰前后全树喷布 3～5 波美度石硫合剂,危害严重时喷洒 1.8%阿维菌素乳油 3 000～4 000 倍液,或 15%哒螨灵乳油 2 000 倍液,或 73%炔螨特乳油 2 000 倍液防治。

(十四)刺 蛾 类

刺蛾,也叫洋辣子,各地均有发生,危害多种树木。刺蛾类主要有黄刺蛾、绿刺蛾、褐刺蛾、扁刺蛾等。

1. 危害症状 初龄虫取食叶片下表皮和叶肉,三龄后取食全叶片。虫体有毒,人体皮肤接触有烧痛感。

2. 形态特征 黄刺蛾,成虫长 15 毫米左右,黄色;卵椭圆形、扁平、淡黄色。幼虫长 20 毫米左右,黄绿色;茧椭圆形,长 12 毫米。绿刺蛾,成虫长 15 毫米左右,黄绿色;卵扁椭圆形、翠绿色;幼虫长 25 毫米左右,黄绿色;茧椭圆形,栗棕色。扁刺蛾,成虫长 17 毫米左右,体翅灰褐色;卵椭圆形、扁平;幼虫长 26 毫米左右,黄绿色、扁椭圆形。褐刺蛾,成虫长 18 毫米左右,灰褐色;卵扁平椭圆形、黄色;幼虫长 35 毫米左右,体绿色;茧广椭圆形,灰褐色。

3. 生活习性 黄刺蛾,每年发生 1～2 代,以老熟幼虫在枝条分叉处或小枝上结茧越冬;翌年 5 月下旬羽化,成虫产卵于叶背面,卵期 8 天左右;第一代幼虫 7 月上旬为危害盛期,第二代幼虫危害盛期在 8 月上中旬,低龄幼虫喜群集危害。绿刺蛾,每年发生 1～3 代,以老熟幼虫在树干基部结茧越冬;翌年 6 月上中旬羽化,成虫趋光性强,夜间活动;初孵幼虫有群集性。扁刺蛾,每年发生 2～3 代,以老熟幼虫在土中结茧越冬;翌年 6 月上旬羽化,成虫有趋光性;幼虫发生期不整齐,6 月中旬出现幼虫,直到 8 月上旬仍有初孵幼虫出现,幼虫危害盛期在 8 月中下旬。褐刺蛾,每年发生 1～2 代,以老熟幼虫结茧在土中越冬。

4. 防治方法 结合冬剪,摘除虫茧;利用诱光灯诱杀;幼虫群集时摘叶捕杀;幼虫期喷洒 90% 晶体敌百虫 800 倍液,或 50% 敌敌畏乳油 800 倍液防治。

第八章 核桃采收、贮藏与加工技术

一、核桃采收与采后处理

(一)采收适期

核桃果实最佳采收期即为果实的成熟期,其外观形态特征是青果皮由绿色变黄色,部分顶部开裂,青果皮易剥离;内部特征是种仁饱满,幼胚成熟,子叶变硬,风味浓香。适时采收是实现丰产优质的保证。采收过早青皮不易剥离,种仁不饱满,出仁率低,加工时出油率低,而且不耐贮藏;采收过晚则果实易脱落,同时青皮开裂后停留在树上的时间过长,会增加霉菌感染的机会,导致坚果品质下降。核桃果实的成熟期,因品种和气候条件不同而异。早熟品种与晚熟品种成熟期相差 10～25 天。一般来说,北方地区核桃成熟期多在 9 月上中旬,南方地区则相对早些。同一品种在不同地区成熟期有所差异,如辽宁 1 号品种在大连等地 9 月中下旬成熟,在河南等地 9 月上旬成熟;同一地区内平原较山区成熟早,低山位比高山位成熟早,阳坡较阴坡成熟早,干旱年份比多雨年份成熟早。

(二)采收方法

核桃果实采收方法有人工采收和机械震动采收两种。人工采收就是在果实成熟时,用竹竿或带弹性的长木杆敲击果实所在的枝条或直接敲落果实,这是目前我国核桃产区普遍采用的方法。敲打时应从上至下,从内向外顺枝进行,以免损伤枝芽,影响翌年产量。机械震动采收,应在采收前10～20天,先在树上喷布500～2 000毫克/千克乙烯利溶液进行催熟,然后用机械震动树干,将果实震落到地面,这是近年来国外试用的方法。此法的优点是果实的青皮容易剥离,果面污染轻;缺点是会造成叶片大量早期脱落而削弱树势。

(三)采后处理

1. 脱青皮方法

(1)堆沤脱皮法 此法是我国传统的核桃脱青皮方法。其技术要点是:果实采收后及时运到室外阴凉处或室内,切忌在阳光下暴晒。然后按50厘米左右的厚度堆成堆(堆积过厚易腐烂),若在果堆上加一层10厘米左右厚的干草或干树叶,则可提高堆内温度,促进果实后熟,加快脱皮速度。一般堆沤3～5天,当青果皮离壳或开裂达50%以上时,即可用棍棒敲击脱皮。未脱皮的可再堆沤数日,直至全部脱皮为止。堆沤时注意切勿使青果皮变黑,甚至腐烂,以免污液渗入壳内污染核仁,降低坚果品质和商品价值。

(2)乙烯利脱皮法 由于堆沤脱皮的脱皮时间长,工作效率低,果实污染率高,对坚果商品质量影响较大。所以,20世纪70年代以来,一些单位开始研究利用乙烯利催熟脱皮技术,并取得了成功。具体做法是:果实采收后,先在0.3%～0.5%乙烯利溶液中浸泡约半分钟,再按50厘米左右的厚度堆在阴凉处或室内,在温度30℃、空气相对湿度80%～90%的条件下,经5天左右,离皮率可高达95%以上。若果堆上加盖一层厚10厘米左右的干草,则2天左右即可离皮。据测定,此法的一级果比例比堆沤法高约52%,核仁变质率下降至1.3%,脱皮时间缩短5～6天,且果面洁净美观。乙烯利催熟时间的长短和用药浓度的大小与果实成熟度有关,果实成熟度高,用药浓度低,催熟时间短。

（3）机械脱皮

①脱皮工艺流程　小型机械脱皮工艺流程：

原料→去杂→分级→脱青皮→清洗→分拣→烘干→贮藏

原料即充分成熟的核桃果实，容易脱皮彻底。去杂即去除叶、石块、沙粒、泥土等。分级即按大小尺寸分级，目的是提高脱皮效率和降低果实损伤率。脱青皮即核桃青皮厚 3～8 毫米，含水 40%～45%，果仁含水 20%～25%，必须在 1～2 天内脱去青皮，防止核仁变质。清洗即洗去果面青皮汁、残留果皮等杂质，直销果实还需漂洗。分拣即在带式分拣台上进行，人工或气流将破损和青果皮未剥离的核桃分离出来，进行二次剥皮。烘干即烘干室热风 45℃左右，24～48 小时，果实水分降至 8% 以下。

美国成套设备脱皮工艺流程：

震动喂料→提升机→原料预清机→提升机→漂浮式去石机→卧式脱皮机→青皮分离机→真空分离机→清洗机→提升机→烘干机→包装贮藏

国内成套设备脱皮工艺流程：

震动喂料→提升机→栅条滚筒分级机→提升机→漂浮式去石机→立式脱皮机→滚筒清洗机→喷淋、人工分拣机→提升机→烘干箱→包装贮藏

美国成套设备功率高，用人工少，但设备昂贵。国内设备功率低，用人工量大，但价格较低。

②设备构造原理　栅条滚筒式分级机是根据间隙尺寸大小达到分级目的，由机架、传动装置、栅条筛筒、清筛装置、进料斗、出料斗、地轮、调节支腿等组成；原料预清机是通过机械和气流分离杂物的，由机架、料仓、网格、输送、传送带、吸风带、吸风道、沉降箱和闭风器组成；去石机是按比重不同的原理，由机架、水箱、刮板输送、进出料口和传动装置组成；脱青皮机是靠板刷上弹齿对物料产生揉搓形成剪切力，使青皮破裂而剥离下来。有 3 种装置：一是立

式圆盘脱皮机,由机架、进料口、转动圆盘、半圆形板刷和传动装置组成。二是卧式脱皮机,由机架、矩形板刷、金属链板式输送带、喷水管和传动装置组成。三是滚筒式脱皮机,由栅条滚筒、凹板刷和传动装置;青皮分离机是由机架、进出料口、两条杆型输送带、管路、喷嘴、调速电机和传动装置组成;烘干设备是由提升机、水平输送带、若干个干燥仓、热风炉、风机组成。仓面倾斜 30°,温度 43℃~45℃,经 24~48 小时水分达 8%以下。

2. 坚果漂洗 核桃脱青皮后,如果坚果作为商品出售,应先进行洗涤,清除坚果表面残留的烂皮、泥土和其他污染物,然后再进行漂白处理,以提高坚果的外观品质和商品价值。洗涤方法是:将脱皮的坚果装筐,把筐放在水池中(流水中更好),用竹扫帚搅洗。在水池中洗涤时,应及时换清水,每次洗涤 5 分钟左右,洗涤时间不宜过长,以免脏水渗入壳内污染核仁。如不需漂白,即可将洗好的坚果摊放在席箔上晾晒。也可用机械洗涤,其工效较人工清洗高 2~3 倍,成品率提高 10%左右。如有必要,特别是用于出口外销的坚果洗涤后还需漂白。漂白做法是:在陶瓷缸内(禁用铁、木制容器),先将次氯酸钠(漂白精,含次氯酸钠 80%)溶于 5~7 倍的清水中,然后再把刚洗净的核桃放入缸内,使漂白液浸没坚果,用木棍搅拌 3~5 分钟。当坚果壳面变为白色时,立即捞出并用清水冲洗两遍,晾晒。只要漂白液不变浑浊,即可连续漂洗(一般一缸漂白液可洗 7~8 批)。采用漂白粉漂洗时,先把 0.5 千克漂白粉加温水 3~4 升溶解开,滤去残渣,然后在陶瓷缸内对清水 30~40 升配成漂白液,再将洗好的坚果放入漂白液中,搅拌 8~10 分钟,当壳面变白时,捞出清洗干净,晾干。使用过的漂白液再加 0.25 千克漂白粉即可继续漂洗。每次可漂洗核桃 40 千克左右。作种子用的核桃坚果,脱青皮后不必洗涤和漂白,直接晾干后贮藏备用。

3. 坚果晾晒 核桃坚果漂洗后,不可在阳光下暴晒,以免核壳破裂,核仁变质。洗好的坚果应先在竹箔或高粱秸箔上阴干半天,待大部分水分蒸发后再摊放在芦席或竹箔上晾晒。坚果摊放厚度不应超过两层果,过厚容易发热,使核仁变质,而且也不易干燥。晾晒时要经常翻动,以免种仁背光面变为黄色,同时应注意避免雨淋和晚上受潮。一般经 5~7 天即可晾干。判断坚果干燥的标准是:坚果碰敲声音脆响,横隔膜易于用手搓碎,种仁皮色由乳白变为淡黄褐色,种仁含水量不超过 8%。晾晒过度,种仁出油,同样降低品质。

若遇秋雨连绵无法自然晾晒时,也可用火炕烘干。烘干时坚果摊放厚度以不超过 15 厘米为宜,过厚不便翻动,且烘烤不均匀,易出现上湿下焦;过薄易烤焦或裂果。烘烤温度至关重要,刚上炕时坚果湿度大,烤房温度以 25℃~30℃为宜,同时要打开天窗,让大量水汽蒸发排出。烘烤至四五成干时,关闭天窗,将温度升至 35℃~40℃。烘烤至七八成干时,将温度降至 30℃左右,最后用文火烤干为止。果实上炕后到大量水汽排出之前不宜翻动,经烘烤 10 小时左右,壳面无水时才可翻动,越接近干燥翻动应越勤,最后阶段每隔 2 小时翻 1 次。

4. 分级和包装

(1)坚果分级标准和包装

①分级标准 根据核桃外贸出口要求,坚果依直径大小分 3 等,一等品为 30 毫米以上,二等品为 28~30 毫米,三等品为 26~28 毫米。出口核桃除要求坚果大小指标外,还要求壳面光滑、洁白、干燥(核仁含水量不得超过 6.5%),成品内不允许夹带任何杂果,不完善果(欠熟、虫蛀、霉烂及破裂果)总计不得超过 10%。

根据我国国家标准局于 1987 年颁布的《核桃丰产与坚果品质》国家标准,将核桃坚果分为以下 4 个等级:一是优级。要求坚果外观整齐端正(畸形果不超过 10%),果面光滑或较麻,缝合线平或低;平均单果重不小于 8.8 克;内褶壁退化,手指可捏破,能取整仁;种仁黄白色,饱满;壳厚度不超过 1.1 毫米;出仁率不低于59%;味香,无异味。二是一级。外观同优级。平均单果重不小于7.5 克,内褶壁不发达,两个果用手可以挤破,能取整仁;种仁深黄白色,饱满;壳厚度 1.2～1.8 毫米;出仁率 50%～58.9%;味香,无异味。三是二级。坚果外观不整齐、不端正,果面麻,缝合线高;单果平均重不小于 7.5 克;内褶壁不发达,能取整仁或半仁;种仁深黄色,较饱满;壳厚 1.2～1.8 毫米;出仁率 43%～49.9%;味稍涩,无异味。四是等外。抽检样品中夹仁坚果数量超过 5% 时,列入等外。同时,标准中还规定:露仁、缝合线开裂、果面或种仁有黑斑的坚果超过抽检样品数量的 10%,不能列为优级和一级品。

②包装 核桃坚果包装一般用麻袋,出口商品可根据客商要求,每袋装 45 千克左右,包口用针线缝严,并在袋左上角标注批号。

(2)果仁分级标准与包装

①取仁方法 核桃取仁方法有人工取仁和机械取仁 2 种。人工取仁是:选择饱满、质量上乘的核桃坚果,人工砸开核桃壳,将壳仁分离,然后按仁完整程度分级包装。我国目前仍沿用人工砸取的方法,砸仁时应注意将缝合线与地面平行放置,用力要匀,切忌猛击和多次连击,尽可能提高整仁率。为了减轻坚果砸开后种仁受污染,砸仁之前一定要清理好场地,保持场地的卫生,不可直接在地上砸。坚果砸破后先装入干净的筐篓中或堆放在席子或塑料布上,砸完一批后再进行剥仁。剥仁时,最好戴上干净手套,将剥出的仁直接放入干净的容器或塑料袋内,然后再分级包装。机械取仁方法分级即按核桃果实大小和壳厚薄分级,减少破仁率;破壳即碰撞、挤压等破壳,圆形果实破壳效果最好;壳仁粗分离即将破开果实中的仁进一步脱离核壳,漏破的或破壳不完全的果实分离后进行二次破壳;壳仁分级即通过筛分按照一定的尺寸进行分级;气流分离即应用气流将筛分中的壳和仁分离开;分色即按仁的

颜色与完整程度划分等级,仁色淡、完整好,其价格高;人工分拣即拣除色差、干瘪、碎壳、杂质等;包装即真空包装贮藏。

机械取仁的工艺流程:

原料→分级→破壳→壳仁粗分离→壳仁分级→气流分级→分色→人工分拣→装箱→计量检测→封箱

②分级标准 根据核仁颜色和完善程度将其分为8级(行业术语称"路"):一级称白头路,1/2仁,淡黄色。二级称白二路,1/4仁,淡黄色。三级称白三路,1/8仁,淡黄色。四级称浅头路,1/2仁,淡琥珀色。五级称浅二路,1/4仁,淡琥珀色。六级称浅三路,1/8仁,淡琥珀色。七级称混四路,碎仁,种仁色浅且均匀。八级称深三路,碎仁,种仁深色。

在核桃仁分级和收购时,除注意种仁颜色和仁片大小外,还要求种仁干燥,水分不超过5%;种仁肥厚,饱满,无虫蛀,无霉烂变质,无异味,无杂质。不同等级的核桃仁,出口价格不同,白头路最高,浅头路次之,但完全符合白头路与浅头路两个等级的商品量不大。我国大量出口的商品主要为白二路、白三路、浅二路和浅三路,混四路和深三路均作内销或加工用。

③包装 核桃仁出口要求按等级用纸箱或木箱包装。作包装核桃仁木箱的木材不能有怪味,一般每箱核仁净重20～25千克。包装时应采取防潮措施,一般是在箱底和四周衬垫硫酸纸等防潮材料,装箱之后立即封严,捆牢,并注明重量、等级、地址、货号等。

二、核桃贮藏方法

长期贮存的核桃要求含水量不超过7%。核桃贮藏方法因贮量和所需贮藏的时间不同而异,一般分为普通室内贮藏和低温贮藏。

(一)普通室内贮藏

即将晾干的核桃装入布袋或麻袋中,放在通风、干燥的室内贮藏。也可装入筐(篓)内堆放在阴凉、干燥、通风、背光的地方贮藏。为避免潮湿,最好在堆下垫石块,同时还可防鼠害。少量作种子用的核桃可装在布袋中挂起来。普通室内贮藏只能短期存放,往往不能安全过夏,若过夏易发生霉烂、虫害和有哈喇味。

(二)低温贮藏

长期贮存核桃应有低温条件,如贮量不多,可将坚果封入聚乙烯袋中,贮存在 0℃～5℃的冰箱中,可保存良好的品质 2 年以上。有条件的,大量贮存可用麻袋包装,贮存在 0℃～1℃的低温冷库中,效果更好。在无冷库的地方,也可用塑料膜帐密封贮藏,方法是:选用 0.2～0.23 毫米厚的聚乙烯膜帐,帐的大小和形状可根据存贮数量和仓贮条件设置。将晾干的核桃封于帐内,帐内含氧量应在 2%以下。北方地区冬季气温低,空气干燥,秋季入帐的核桃,不需立即密封,可待翌年 2 月下旬气温逐渐回升时再进行密封。密封应选择低温、干燥的天气进行,使帐内空气相对湿度不高于 50%～60%,以防密封后霉变;南方地区秋末冬初气温高,空气湿度大,核桃入帐时必须加吸湿剂,并尽量降低贮藏室内的温度。当春末夏初、气温上升时,在密封的帐内贮藏也不够安全,这时可配合在帐内充二氧化碳或充氮降氧。充二氧化碳可使帐内的二氧化碳浓度升高,既可抑制核桃呼吸,减少损耗,又可抑制霉菌的活动,防止霉烂。同时,二氧化碳浓度达到 50%以上,还可防止油脂氧化而产生的酸败现象(俗称哈喇味)及虫害。若帐内充氮量保持在 1%左右,不但具有与充二氧化碳同样的效果,还可以在一定程度上防止核桃衰老。为防止贮藏过程中发生鼠害和虫害,可用二硫化碳(40.5 克/米³)熏蒸库房密闭封存 18～24 小时,有显著效果。

核桃仁贮藏一般需要低温条件,在 1.1℃～1.7℃条件下,核桃仁可贮藏 2 年而不腐烂。此外,采用合成的抗氧化材料包装核桃仁也可抑制因脂肪酸氧化而引起的酸败现象。

三、核桃加工技术

(一)核桃果实加工

1. 椒盐核桃 原料为核桃果和配料。配料配方为:草豆蔻 0.3％、桂皮 0.3％、丁香 0.2％、甘草 0.3％、小茴香 0.2％、花椒 0.1％、食盐 4％、水 93％。

工艺流程:

原料→分级→破壳→去涩→腌制→烘烤→冷却→分拣→包装

选果即选择新鲜、饱满、无病虫、大小、壳厚薄一致的核桃果,可采用 10％盐水漂洗选果。分级即按果实大小、果壳厚薄进行分级。破壳即用机械通过碰撞或挤压破壳,少量加工也可人工破壳。去涩即将核桃果在沸水中煮 10 分钟左右,捞出用清水冲洗。也可用淡盐水浸泡 2～3 天,每天换水 1 次,捞出风干。腌制即将配料煮沸 1 小时,把核桃果泡入料水中,每天搅拌 2～3 次,5 天后捞出沥干。也可将核桃果在料水中煮 10～20 分钟捞出沥干。烘烤即将沥干的核桃果放入烘箱中,在 75℃～80℃条件下烘烤,期间翻动 2～3 次,果仁发脆后冷却即可。包装即真空包装,每袋 250 克,或 500 克。

2. 五香核桃 原料为核桃果和配料。配料配方为:大茴香 1％、草豆蔻 0.3％、桂皮 0.5％、丁香 0.2％、甘草 0.5％、小茴香 0.2％、甜蜜素适量、食盐 2％、水 94％。

工艺流程:

原料→分级→破壳→去涩→腌制→烘烤→冷却→分拣→包装

原料即选择新鲜、饱满、无病虫、大小、壳厚薄一致的核桃果，可采用10％盐水漂洗选果。分级即按果实大小、果壳厚薄进行分级。破壳即用机械通过碰撞或挤压破壳，少量加工也可人工破壳。为了去涩可将核桃果在沸水中煮10分钟左右，清水冲洗。也可用淡盐水浸泡2～3天，每天换水1次，捞出风干。腌制即将配料煮沸1小时，把核桃果泡入料水中，每天搅拌2～3次，5天后捞出沥干。也可将核桃果在料水中煮10～20分钟捞出沥干。烘烤即将沥干的核桃果放入烘箱中，在75℃～80℃条件下烘烤，期间翻动2～3次，果仁发脆后冷却即可。包装即真空包装，每袋250克，或500克。口味可根据不同人群调制，南方人口味偏甜，可适当多加甜味剂；北方人口味偏咸，可适当多加食盐。

（二）核桃仁加工

1. 琥珀核桃仁 工艺流程：

原料→水煮→清水冲洗→脱水→挑选→糖煮→油炸→冷却→脱油→冷却→分拣→包装

原料即选择新鲜、完整的核桃仁作原料。水煮即将核桃仁在沸水中煮10～15分钟，脱涩味。清水冲洗即将水煮过的核桃仁用清水冲洗干净。脱水即用离心机把核桃仁水分脱去。挑选即挑出核桃仁坏粒、碎仁。糖煮即按水、糖10∶3的比例，先煮糖水20分钟，再用140℃糖水将核桃仁煮10～15分钟，捞出沥干。油炸即将糖水煮过的核桃仁放入金属笼或筐中，在145℃～155℃的热油中炸4分钟，捞出。冷却即第一次冷却，将油炸的核桃仁轻轻翻动，不能结团。脱油即用离心机将核桃仁脱去多余的油。冷却即第二次冷却，用风扇吹，将核桃仁温度降到室温以下。分拣即将结团的核桃仁、烂仁拣出。包装即用易拉罐包装，先用75％酒精擦洗易拉罐消毒，用计量器称重装罐封口；用食品包装袋包装，应在真空条件下包装。

2. 椒盐核桃仁 工艺流程

核桃仁→去涩→水煮→烘干→包装

核桃仁→去涩→油炸→拌椒盐→冷却→包装

核桃仁选择标准、去涩、油炸、烘干、冷却方法同琥珀核桃仁加工，水煮方法同椒盐核桃果加工，包装同琥珀核桃仁，椒盐配方同核桃果加工配方，将配料粉碎成细粉状。

3. 核桃仁其他产品 将核桃仁作为食品添加剂，可加工成多种小食品，如核桃酥、核桃仁蛋糕、核桃仁麻糖等，按照这些食品的加工方法，添加一定量的核桃仁即可。

（三）核桃油加工

1. 传统机械压榨法 工艺流程：

核桃果→剥壳→仁壳分离→榨油→滤油→灌装产品→壳饼

传统机械压榨核桃油，由于核桃仁直接压榨是在较低温度条件下（原料不经过高温蒸煮）进行，所以可保证核桃油中的天然有效物质不被破坏，产品的商业价值高。目前，国内也有采用轧坯、蒸炒和压榨制油等工艺方法。直接压榨法对入榨物料的含壳率有一定的要求，含壳率低不利于出油，一般含壳率在30%左右，其出油率为25%～30%。采用螺旋榨油机可连续生产，设备配套简单，适合于小型核桃制油厂生产。用机械压榨法生产核桃油后的副产品为核桃饼，由于它含有皮壳，无法作为食品再食用，这样势必造成核桃油的成本过高。另外，残留物胶体杂质无法去除，不能再利用。

2. 核桃仁压榨法 工艺流程：

原料→去杂质、坏粒→预处理（50℃～70℃，10分钟，在不锈钢容器中）→压榨（用网袋装原料，压榨2～3次）→毛油过滤（用滤布）→沉淀（12小时）→脱酸（用碱炼法，70℃，加碱8小时反应，酸值＜0.3毫克/克）→水洗（95℃条件下，加水10%～15%，洗1～2

次,主要去除残留碱)→脱色(加活性炭,125℃条件下,在真空容器内进行)→过滤→脱臭(真空容器内)→过滤→检验→包装

3. 预榨—浸出法

(1)4♯溶剂浸出制油 该方法是以核桃仁为原料,先经间歇式液压榨油机压榨取油35%左右,然后采用4♯溶剂浸出制油,采用该法出油率高(粕残油5%以下)。其工艺流程:

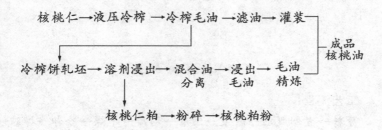

冷榨过程要求操作压力均衡,采用勤压、少压的原则进行。浸出前需要轧坯处理,破坏细胞以便于溶剂浸透。采用液化气在一定压力和温度条件下操作,浸出毛油及粕需进行脱溶剂精炼处理。采用低温操作,能保持产品中的天然成分不被破坏,由于原料未经脱皮,所得仁粕粉需进行处理。整个过程需间隔处理(若采用6♯溶剂浸出可实现连续化操作),同时采用有机溶剂,工艺设备技术要求高。

(2)6♯溶剂浸出制油 工艺流程:

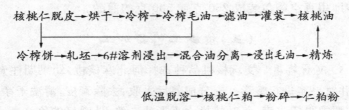

(3)水剂法　　工艺流程：

核桃仁 → 浸泡脱皮 → 研磨 → 浸提 → 分离脱酯—

┌→ 调配 → 均质 → 灭菌 → 浓缩 → 干燥 → 包装 → 核桃粉
│
└→ 乳化油破乳脱水 → 过滤 → 包装 → 精制核桃油

（四）核桃粉加工

工艺流程：

原料 → 煮制脱涩 → 磨浆 → 细磨 → 均质 → 干燥 → 冷却 → 摊晾 → 过筛 → 包装

原料即选择优良核桃仁，去除坏粒、霉变粒，将核桃仁与牛奶按 3：7 配比。煮制脱涩即将核桃仁在沸水中煮 10～15 分钟，可煮 1～2 次进行脱涩。磨浆即第一次粗磨，将牛奶加入核桃仁粗研磨，然后再进行第二次细磨，第三次细磨。均质即用高压泵，加压力 40～50 兆帕，冷却 50℃，使浆液均质。干燥即在容器温度为 220℃～240℃条件下，将牛奶与核桃仁混合物喷淋成粉状，粉的温度 90℃～100℃。冷却即将粉冷却 30 分钟。摊晾即用不锈钢棍不断搅拌，使核桃粉不结团。过筛即将充分冷却的核桃粉过筛。包装即用真空袋包装成 250 克或 500 克的商品。

（五）核桃工艺品加工

1. 文玩核桃　　文玩核桃品种选择河北麻核桃，幼果期注意疏果，并对果实进行整形。充分成熟后采收，去除青皮，清洗干净，配对。要求果实丰满，每对核桃大小形状一致，外观好的价格高。

2. 山核桃工艺品 ①品种。山核桃。②产品。分两大类即装饰类和实用类。③分 6 个工序即设计、制模、选料、切片、挖仁、磨片。④设计创作作品,画出作品平面图、侧面图、尺寸、规格等。⑤制模。做出作品相应的模具,对模具抛光,在模具外贴塑料膜。⑥选料。选择直径 2.6 厘米以上的山核桃果实,要求果实大小基本一致。⑦切片。用电锯将核桃纵切、横切,一般切块高 1.8～2.4 厘米、厚 0.8 厘米,每个核桃可切 3 片料。⑧挖仁。将核桃仁挖出,可食用,也可作食品原料。⑨磨片。两面打磨、三面打磨。根据作品的形状打磨成不同厚度、角度和凸凹的片料。先将片料摆放到模具上,不合适的片料进行打磨,摆好后按顺序把片料取下。⑩粘贴。用普通白乳胶,加颜料调色,与作品色彩一致。用乳胶将片料一片一片粘贴到模具上,12 个小时后,取下模具进行抛光(内外及边角)。最后用气囊抛光,清理残渣后,用清漆漆 2 遍,第一遍可将作品浸入清漆内,第二遍用刷子上漆。复杂工艺品可分割做,最后组装。

参 考 文 献

[1]　魏玉君．薄皮核桃［M］．郑州：河南科学技术出版社，2006.

[2]　李建中．核桃栽培新技术［M］．郑州：河南科学技术出版社，2009.

[3]　中南林学院．经济林栽培学［M］．北京：中国林业出版社，1983.

[4]　中南林学院．经济林研究法［M］．北京：中国林业出版社，1988.

[5]　杨军，李忠新，杨忠强，等．核桃加工工艺及成套设备［J］．农机化学研究，2011,33(4):235-241.

[6]　杨虎清，席玙芳．核桃的营养价值及其加工技术［J］．粮油加工与食品机械，2002,(2):47-49.